水资源跨区转移的
利益增值与利益补偿研究

马永喜 著

中国农业出版社

图书在版编目（CIP）数据

水资源跨区转移的利益增值与利益补偿研究／马永喜著．—北京：中国农业出版社，2016.11
ISBN 978-7-109-22066-9

Ⅰ.①水… Ⅱ.①马… Ⅲ.①水资源－利益分配－研究 Ⅳ.①TV211

中国版本图书馆 CIP 数据核字（2016）第 210060 号

中国农业出版社出版
（北京市朝阳区麦子店街 18 号楼）
（邮政编码 100125）
责任编辑 边 疆

中国农业出版社印刷厂印刷 新华书店北京发行所发行
2016 年 11 月第 1 版 2016 年 11 月北京第 1 次印刷

开本：850mm×1168mm 1/32 印张：3.625
字数：80 千字
定价：20.00 元
（凡本版图书出现印刷、装订错误，请向出版社发行部调换）

浙江理工大学人文社科学术专著出版资金资助（2016年度）
浙江理工大学"521"人才培养计划资助
国家社科基金青年项目研究资助

前　言

　　随着我国城市化和工业化进程的不断推进，水资源从相对丰富地区向相对短缺地区转移，这在一定程度上解决了水资源区域供需不平衡问题，但同时也带来了各区域相关利益主体之间的利益冲突。实现水资源的跨区域的合理利用，解决水资源区域协调利用中的利益矛盾，已逐步成为政府管理机构所关注的重要课题。当前有必要尽快建立完善的水资源跨区转移利用的利益补偿和协调管理机制，使水资源跨区利用做到有章可循，保障水资源利用的效率，促进区域协调发展。

　　本研究以公共物品理论、外部性理论和水资源价值论为基础，一方面采用多元统计及数量经济分析方法，在理论上构建水资源跨区转移的价值增值模型；另一方面采用博弈分析方法，构建水资源转移区域间博弈分析模型，并将水资源跨区转移的价值增值纳入其中，提出水资源跨区转移利用利益分配与补偿模型。在此基础上，选取水资源跨区转移典型案例，采用上述模型来量化实证水资源跨区转移价值增值、相应利益分配和利益补偿额度，并进一步研究提出政府管理机构健全水资源跨区转移利益补偿的实施机制及进行水资源区域协调管理的政策建议。本研究内容主要涉及以下三个方面：

第一，水资源跨区转移价值增值理论模型与补偿模型研究。以量化水资源跨区转移后输入地和输出地水资源价值为目标，在理论上构建水资源跨区转移的价值增值模型，进而评估水资源跨区转移所带来包括经济价值和生态环境价值等在内的水资源价值的变化。然后，构建水资源跨区转移区域间博弈分析模型，并将水资源跨区转移的价值增值纳入到水资源转移的区域博弈分析模型中，研究水资源转移增值在各利益主体之间的利益分配机制。

第二，水资源跨区转移利益补偿管理机制案例研究。选择典型水资源跨区转移案例，基于水资源跨区转移的价值增值模型来实证量化各个典型案例中水资源转移规模及其价值增值总量，并基于水资源跨区转移区域间博弈模型来确定补偿标准及补偿额度在各区域利益主体之间的分配，为进一步制定可操作性政策措施提供依据。

第三，水资源跨区转移利益补偿管理政策研究。结合我国现阶段水资源管理体制和政策，以实现水资源跨区域的可持续利用和水资源转移外部效应内部化为目标，为政府管理部门进行水资源跨区转移利用利益补偿和区域协调管理提出合理的政策建议。

本研究创新之处在于，将水资源转移涉及区域的生产、生活和生态部门的水资源转移的价值增值及其互动

前 言

决策关系纳入到统一的水资源价值度量和协调管理分析框架中，采用针对性的价值评价方法来衡量各个部门的水资源的价值和价值增值，并在此基础上运用区域间博弈分析模型来确定水资源转移的利益补偿标准和补偿额度分配，从而为建立水资源跨区利用利益分配和补偿机制提出了科学的政策建议。

著 者

2016年6月

目 录

前言

1 绪论 …………………………………………………………… 1

  1.1 研究背景 ………………………………………………… 2

    1.1.1 水资源总体短缺与区域供需失衡 ………………… 2

    1.1.2 水资源区域转移需求与利益矛盾 ………………… 4

  1.2 研究内容与意义 ………………………………………… 6

    1.2.1 研究内容 …………………………………………… 6

    1.2.2 研究意义 …………………………………………… 7

  1.3 研究思路与方法 ………………………………………… 8

  1.4 研究创新与不足 ………………………………………… 9

    1.4.1 创新之处 …………………………………………… 9

    1.4.2 研究不足 …………………………………………… 10

2 理论基础与文献评述 ……………………………………… 11

  2.1 公共物品理论 …………………………………………… 11

    2.1.1 作为公共物品的水资源 …………………………… 12

    2.1.2 作为公共资源的水资源 …………………………… 15

  2.2 外部性与产权理论 ……………………………………… 17

    2.2.1 水资源利用外部性 ………………………………… 17

2.2.2 水资源产权管理 ……………………………… 20
　2.3 水资源价值论 …………………………………… 24
　　2.3.1 劳动价值论 …………………………………… 25
　　2.3.2 边际机会成本论 ……………………………… 27
　　2.3.3 效用价值论 …………………………………… 28
　2.4 水资源价值的度量 ……………………………… 30
　　2.4.1 生产函数法 …………………………………… 30
　　2.4.2 机会成本法 …………………………………… 32
　　2.4.3 条件价值评估法 ……………………………… 33
　2.5 水资源转移利益补偿 …………………………… 35
　2.6 小结 ……………………………………………… 39

3 水资源跨区转移的增值分析 ……………………… 41

　3.1 水资源价值衡量 ………………………………… 41
　　3.1.1 产业部门用水价值评估 ……………………… 42
　　3.1.2 居民用水价值估计 …………………………… 44
　　3.1.3 生态环境用水价值估计 ……………………… 45
　3.2 水资源增值模型 ………………………………… 48
　3.3 小结 ……………………………………………… 49

4 水资源跨区转移利益补偿研究 …………………… 51

　4.1 利益补偿的必要性 ……………………………… 51
　4.2 水资源转移利益增值分配 ……………………… 53
　　4.2.1 博弈理论分析 ………………………………… 53
　　4.2.2 沙普利值法 …………………………………… 58

目 录

  4.3 利益补偿额度计算 ································ 67
  4.4 小结 ······································· 68

5 案例研究 ······································· 69
  5.1 诸暨陈石灌区案例 ································ 69
    5.1.1 陈石灌区水资源利用及管理状况 ············· 69
    5.1.2 水资源转移增值计算 ····················· 70
    5.1.3 水资源转移利益分配计算 ················· 76
    5.1.4 水资源转移利益区域间补偿计算 ··········· 80
  5.2 黄岩长潭库区案例 ································ 82
    5.2.1 长潭水库水资源利用及管理状况 ············· 82
    5.2.2 水资源转移增值计算 ····················· 83
    5.2.3 水资源转移利益分配计算 ················· 87
    5.2.4 水资源转移利益区域间补偿计算 ··········· 91
  5.3 小结 ······································· 93

6 结论与政策启示 ································ 94
  6.1 研究结论 ····································· 94
  6.2 政策启示与对策建议 ···························· 95

参考文献 ······································· 98

1 绪　　论

党的十八大报告明确提出要加强生态文明制度建设,完善水资源管理制度,建立反映市场供求和资源稀缺程度的资源有偿使用制度,报告还提出要"建立公共资源出让收益合理共享机制"。这些重要论述为我国强化水资源管理、建设节水型社会、协调区域之间用水利益指明了方向。随着我国城市化和工业化进程的不断推进,水资源从相对丰富地区向相对短缺地区转移,这在一定程度上解决了水资源区域供需不平衡问题,但同时也带来了各区域相关利益主体之间的利益冲突。水资源在不同区域之间的转移利用,既可以解决区域用水供需矛盾,又可以促进水资源的高效利用,提高水资源的配置效率。而水资源在不同区域之间转移用水的过程中,对水资源转移利用的利益补偿额度进行科学合理测算,不仅关系到水资源重新配置的效率和效益的实现,同样还关系到不同用水主体之间利益的公平共享和水资源的可持续利用。实现水资源的跨区域的合理利用,解决水资源区域协调利用中的利益矛盾,已逐步成为政府管理机构所关注的重要课题。当前有必要尽快建立完善的水资源跨区转移利用的利益补偿和协调管理机制,使水资源跨区利用做到有章可循,保障水资源利用的效率,促进区域协调发展。

1.1 研究背景

1.1.1 水资源总体短缺与区域供需失衡

水资源就其概念界定来看有广义和狭义之分。广义上的水资源指能够直接或间接使用的各种水及水中物质，对人类生产生活以及生态需要具有使用价值和经济价值的水均可称为水资源。狭义上的水资源是指在一定经济技术条件下，人类可以直接利用的淡水，即与人类生产和生活以及社会进步息息相关的淡水资源（张玉卓，2012）。本研究中的水资源特指狭义上的水资源，即淡水资源。

淡水资源是人类生活生产不可或缺的资源，全球淡水占总水量的2.66%（王战平，2014）。而淡水资源在世界各国的分布是很不均匀的。我国水资源总量相对丰富，但人均拥有水量少，水资源供需矛盾突出。我国是一个人均水资源严重短缺的国家，淡水资源总量约为2.8×10^{12}立方米，仅次于巴西、俄罗斯和加拿大，居世界第四位；但人均只有2 251立方米，仅为世界平均水平的1/4，在世界上位列121位，是全球13个人均水资源最贫乏的国家之一（王战平，2014）。同时，全国城市缺水也十分严重，缺水总量达6×10^9立方米。在21世纪，我国人口的发展将达到16亿高峰，人口的增加将会使人均水资源占有量进一步减少。

在我国，水资源的地域分布非常不均匀，与产业发展布局不相匹配。我国南方地区水系发达，水量丰沛，特别是广东、福建、浙江、湖南、广西、云南和西藏东南部等地区，其国土面积仅占全国的37%,但其水资源量却占全国水资源总量的81%,人均水资源占有量为4 000立方米左右。而我国北方地区干旱少水,淮河流域及其以北地区的国土面积占全国的63.5%,但水资源严重缺乏,很多省份人均水资源占有量仅为900立方米左右(贾敏敏、王宁,2014)。按照国际公认的标准,若某地区人均水资源量低于3 000立方米,则该地区为轻度缺水地区;若某地区人均水资源量低于2 000立方米,则该地区为中度缺水地区;若某地区人均水资源量低于1 000立方米,则该地区为重度缺水地区;若某地区人均水资源量低于500立方米,则该地区为极度缺水地区。依据此标准,我国目前有16个省(区、市)为重度缺水地区,有6个省区(江苏、山西、河南、山东、河北和宁夏)为极度缺水地区(张晶晶等,2014)。

我国水资源时间分配也不均匀,大部分地区年内连续4个月降水量占全年的70%以上,连续丰水或连续枯水现象较为常见。水资源年际和年内变化很大,易带来频繁的干旱和洪涝灾害。水资源的时间分布不均还带来森林退化、河湖面积萎缩、土地沙化、水土流失等一系列生态环境问题。而水资源的生态保护的缺乏、水体的污染和水环境的恶化进而又导致很多地区缺乏足够质量的水资源可以利用,出现水质性缺水,严重影响并阻碍了各地社会经济的可持续协调发展。

水资源时间空间分布不均匀的问题给国家经济社会发展带来了很大的挑战。为了缓解水资源分配地域性差异和区域供需矛盾问题,水资源的跨区域调配不失为一种有效的解决方案。例如,南水北调工程从长江上中下游引水到西、中、东三条调水线路与长江、黄河和淮河、海河相连接，形成"四横三纵"的总体格局。除了全国范围内的南水北调，区域范围内也必然经常性地通过水资源的跨区转移来满足水资源短缺地区的经济增长的需要，如同一流域、同一区域要协调好上下游左右岸用水问题。

1.1.2 水资源区域转移需求与利益矛盾

水资源跨区转移给水资源相对短缺地区带来了巨大的社会、经济和环境效益的同时，也给被调水地区造成了一定的经济利益损失和发展机会损失。从水资源优化配置的角度来讲，受水区水资源的利用效率和产生效益的能力都应高于供水区，从丰富地区向匮乏地区调水，能有效缓解受水区水资源紧张的压力，取得更大的经济效益和社会效益。然而，从水资源公平配置的角度来看，水资源属于全民所有，各地区人民拥有平等的用水权，水资源分配必须遵守并维护公平性准则。因为公平是社会安定的基础，不公平的制度必然导致社会的不稳定。目前，水资源跨区转移多半是通过行政命令强行实施，而这需要供水区大力压缩生产、生活、生态用水，这对供水区显然有失公平。长期的无偿调用水资源会给供水区造成难以承受的社会经济损失，如河北省承担向北京供水的主要任务，而自身每年存在着近 8×10^9 立方米的缺口。为了弥补自身缺口，河北省也不得不过度使用地下水并通过跨省调水解决自身用水问题。低偿甚至无偿调水会损害水资源使用的效率和公平性，因此亟需建立相应的水资源转移及其利益补偿机制，由实施调水而获益的地区（或产业）给予水资源利用利益受损失地区（或产业)予以一定的经济补偿,以保障区域用水公平和水资源的使用效率。

水资源跨区转移具有明显的"正外部性"。水资源从丰富地区向匮乏地区转移,能有效缓解不同地区的水资源供需矛盾。水资源利用方式和利用目标的多样性导致不同地区在水利工程投入和水资源利用效率上存在相当大差异。从水资源优化配置的角度来讲,受水区水资源的利用效率和利用效益一般都高于供水区,水资源转移利用将能够产生更大的经济效益。水资源跨区转移带来更高利用效率和效益的同时,也伴随产生一些现实问题。

目前,我国水资源跨区转移利用大多沿用传统上的行政指令性配置模式,即主要通过行政手段在区域之间配置用水并实施水资源的跨区转移。这种模式的实施要求供水区压缩生产、生活和生态用水来保障跨区用水调度的实施,这使得供水区社会经济发展和生活水平提高都受到一定程度的约束和阻碍。由于水资源跨区转移补偿制度和区域之间综合协调管理制度的缺失,相关用水主体在水资源转移利用上存在着权责不明确、投入不协调和收益分配不合理等诸多矛盾。

长期以来,供水区难以得到合理的利益补偿,相应水源区的生态环境保护也缺乏足够的经济激励和经费保障。同时水资源跨区转移也在一定程度上破坏了供给地水文环境,对供水区的产业发展和农业灌溉都会造成一定的影响。另一方面,水资源跨区转移对受水区的意义毋庸置疑,但由于缺乏有效的跨区水资源利用的利益偿付安排和有效的制度约束,受水区用水主体作为理性的"经济人"也习惯于"低价格高享受"或直接

"搭便车"的行为,刺激受水区不断增加用水量,用水粗放增长且污染严重。

1.2 研究内容与意义

1.2.1 研究内容

基于以上现实问题,为实现水资源跨区域合理利用,解决水资源区域协调利用中的利益矛盾,建立合理的水资源出让收益共享机制,进行科学合理的水资源跨区转移及相应利益补偿,本书着重研究以下几个方面的问题。

(1) 探讨水资源跨区转移利益补偿机制的理论基础。基于资源经济与管理理论,利用公共物品理论、外部性理论和水资源价值论,探讨水资源转移利用的理论内涵、理论依据和运作机理。

(2) 水资源跨区转移价值增值理论模型研究。以量化水资源跨区转移后输入地和输出地水资源价值为目标,在理论上构建水资源跨区转移的价值增值模型,进而评估水资源跨区转移所带来包括经济价值和生态环境价值等在内的水资源价值的变化,为确定水资源跨区转移利益补偿标准提供决策依据。

(3) 水资源跨区转移利益补偿模型研究。在分析我国现有水资源管理制度的基础上,构建水资源跨区转移区域间博弈分析模型,并将水资源跨区转移的价值增值纳入到水资源转移的区域博弈分析模型中,研究水资源转移增值在各利益主体之间的利益分配机制。

(4) 水资源跨区转移利益补偿管理机制案例研究。选择典型水资源跨区转移案例，基于水资源跨区转移的价值增值模型来实证量化各个典型案例中水资源转移规模及其价值增值总量，并基于水资源跨区转移区域间博弈模型来确定补偿标准及补偿额度在各区域利益主体之间的分配，为进一步制定可操作性政策措施提供依据。

（5）水资源跨区转移利益补偿管理政策研究。结合我国现阶段水资源管理体制和政策，以实现水资源的跨区域的、可持续的利用和水资源转移外部效应内部化为目标，为政府管理部门进行水资源跨区转移利用利益补偿和区域协调管理提供科学合理的政策建议。

1.2.2 研究意义

通过对以上内容的分析，本研究的理论意义在于①在理论上构建出水资源跨区转移的价值增值模型。本研究基于水资源价值理论和外部性理论，构建水资源跨区转移的价值增值模型，从区域层面来计量水资源的跨区转移所创造的经济价值和生态环境价值，这将突破现有研究仅考虑水资源本地化利用的价值评价的局限，有助于完善水资源价值量化的评估方法。②在理论上提出水资源跨区转移的利益补偿机制。本研究在水资源跨区转移的价值增值模型基础上，从区域水资源协调管理资源共享的角度出发，基于博弈论分析方法，分析相关管理主体和用水主体之间的利益关系，并提出水资源跨区转移的利益分配补偿机制，可为制定水资源利用的区域协调管理政策提供理论支持。

本研究的实际应用价值在于①为政府制定水资源跨区转

移的利益补偿标准提供科学依据。本研究基于水资源跨区转移的价值增值模型和区域各主体间博弈模型，以水资源跨区转移的典型案例，来实证量化跨区转移的水资源价值增值及相应的利益分配和利益补偿，为政府确定利益补偿额度和分配方案提供依据。②为政府在宏观上制定水资源可持续利用的政策提供决策依据。本研究提出的水资源跨区转移的利益补偿机制，将有助于地方政府更合理地协调区域水资源利用的利益关系，避免区域间水资源利用的利益冲突，实现水资源的科学合理公平的可持续利用。

1.3　研究思路与方法

本研究以公共物品理论、外部性理论和水资源价值论为基础，一方面采用多元统计及数量经济分析方法，在理论上构建水资源跨区转移的价值增值模型；另一方面采用博弈分析方法，构建水资源转移区域间博弈分析模型，并将水资源跨区转移的价值增值纳入其中，提出水资源跨区转移利用利益分配与补偿模型。在此基础上，选取水资源跨区转移典型案例，采用上述模型来量化实证水资源跨区转移价值增值、相应利益分配和利益补偿额度，并进一步研究提出政府管理机构健全水资源跨区转移利益补偿的实施机制及进行水资源区域协调管理的政策建议。基于以上研究思路，本研究主要采用以下几种研究方法：

（1）实地调研与案例研究法。选择典型的跨区域水资源转移案例，考查跨区域水资源转移利用的现实情况和实际存在问题，并基于本研究所构建的水资源跨区转移利益分配与补偿测算理论模型及水资源跨区转移协调管理机制，来实证量化跨区域水资源转移增值和利益补偿分配额度。

（2）多元统计及计量分析方法。采用生产函数法、机会成本法和条件价值评估法来分别计量跨区转移的水资源为产业生产部门（工业、农业和服务业）、居民生活用水部门和生态环境部门带来的价值增值。在上述计量分析基础上，结合水资源跨区转移规模和跨区转移水资源在各区域用水结构，构建水资源跨区转移的价值增值总量模型，以综合计算水资源跨区转移带来的水资源价值总量的变化。

（3）博弈分析方法。采用博弈分析方法来厘清参与水资源转移的各管理及利益主体之间的相互关系，分析各利益主体参与协调行为模式，并构建水资源跨区转移各区域参与主体之间的博弈分析模型，进而利用该模型确定需要转移的水资源规模和补偿额度分配方案。

1.4 研究创新与不足

1.4.1 创新之处

从目前国内同类研究成果来看，本研究具有以下三方面的特色与创新：

（1）在研究视角上，本研究将水资源转移涉及区域的生产、生活和生态部门的水资源转移增值及其互动决策关系纳入到统一的水资源价值度量和协调管理分析框架中，为建立水资源跨区管理和收益合理分享机制提供新的研究视角。

（2）在研究方法上，本研究通过基于不同部门水资源利用特点采用针对性的价值评价方法来衡量各个部门的水资源的价值，来构建水资源转移的价值增值，并在此基础上运用区域间博弈分析模型来确定水资源转移的利益补偿标准和补偿额度分配，这将丰富水资源价值评估和水资源配置管理的研究方法。

（3）在研究内容上，本研究以水资源价值论和外部性理论为基础，量化跨区转移水资源的价值增值，这将突破现有研究仅考虑水资源本地化利用价值和交易价值的局限；同时，本研究将水资源生态环境价值纳入到水资源跨区转移价值增值评价过程中，这突破了现有研究在区域水资源转移利益评估中仅考虑经济价值的局限，拓展了水资源转移价值及利益补偿内涵。

1.4.2 研究不足

由于实践中难以分离供水区和受水区各个主体的投入成本，本研究只计算出受水区与供水区各主体水资源转移的价值增值的分配以及受水区和供水区之间的利益补偿额度，而难以量化出受水区与供水区中各个利益主体的补偿额度。同时由于缺乏乡镇和城区各行业的精确的具体分行业的用水数据，本研究没有能够分行业估计生产函数中水资源边际价值，水资源增值衡量可能缺乏足够的准确性。

2 理论基础与文献评述

本研究涉及水资源作为一种自然资源在区域之间进行协调利用和利益分享的问题，需要梳理清楚水资源利用的经济特征、水资源价值表现形式以及其价值的度量。因而本章对水资源区域利用利益协调和利益补偿的理论基础进行梳理，并对当前文献研究进行评述，为后续的研究提供理论基础和文献支持。

2.1 公共物品理论

水资源的流动性和再生性使得水可以被重复利用，但同时也使得在水资源上建立私有产权关系比较困难，因而水资源是否可以看作商品，学者们存在着一定的争议。1992年都柏林国际水资源与环境会议上，与会者们认为水资源拥有经济价值应当被认为是一种商品。Baumann，Boland（1998）认为水与其他经济商品没有差别，它像衣服、食物和住房一样不可或缺，都遵循经济学的一般法则。但Percontra等（2002）认为地球上的水资源属于所有物种，不应被当作私人物品被交易。现实的水资源利用现状表明，水资源作为一种自然资源，在一定区域内使用具有稀缺性，因而它的占有、交易、分配和使用符合经济学一般规律，能够用经济学一般法则予以解释。

2.1.1 作为公共物品的水资源

水资源的流动性、循环性以及它对维护人类生存和自然环境平衡的重要性，使得水资源常常不被看作是私人物品，对其是否被当作公共物品学者们进行了深入的研究和讨论。Samuelson（1954）发表《公共支出的纯理论》一文，提出公共物品是在消费和使用上不具排他性的物品，基于这一定义Samuelson对公共物品和私人物品进行划分（表2-1），由此奠定了公共物品理论研究的基础。

表2-1 物品属性分类

物品属性		排他性	
		高	低
竞争性	高	私人物品	公共资源
	低	俱乐部物品	公共物品

与私有物品相比，公共物品具有非竞争性和非排他性。相对私有物品而言，公共物品的消费并不会减少其他人的消费，也难以排除其他主体进入消费。从这个意义上讲，作为一种自然资源，陆地上存在着的流动着的水资源大都属于公共物品。但在一定区域范围内的水资源，人们对它的使用会减少其他人使用的量，因而一定区域内的水资源又具有公共资源（Common-property Resource）的经济特征。

所谓消费的非竞争性指某一经济主体对公共物品的享用，不妨碍排斥其他经济主体对其的同时享用，也不会因此而减少其他经济主体享用该种公共物品的数量和质量。而消费的非排他性指公共物品一旦被供给出来，便有众多的受益者共同消费这一物品，而要将其中的任何经济主体排除在对该物品的消费之外是不可能的或无效率的。

私人物品具有排他性的经济特点，一般按边际成本等于边际收益原则确定其最优产量（或消费量）。而公共物品的非排他性特点使得其需求难以显性地表达，需要把所有需求者的评估价值（或支付意愿）进行加总，才能达到对公共物品消费的边际收益。如图2-1所示。

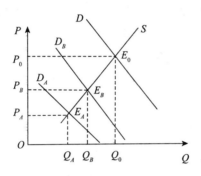

图2-1 公共物品均衡价格

图2-1中D_A、D_B表示消费者A和消费者B对某一公共物品的需求，D表示公共物品的总需求。公共物品的总需求曲线不是消费者A、B的需求曲线D_A、D_B像私人物品那样的水平相加，而是D_A和D_B的垂直相加，即公共物品的供给不是Q_A+Q_B，而是Q_0，而总需求的支付价格P_0为P_A+P_B。在公共物品消费中，即使每个经济主体都能够从公共物品享有和使用中获益，也不愿为公共物品付费，因为公共物品消费中存在非排他性，每个"理性的"经济主体都希望"搭便车"由别人对公共物品进行

支付。公共物品消费者都不愿意真实表达自己对其支付意愿和主观需求，公共物品生产者无法确定其需求曲线。同时，公共物品供给的边际成本为零，但阻止其他经济主体享用公共物品的成本非常高，这会导致公共物品的使用者尽可能多使用该公共物品来获取更多收益而导致了公共物品的过度使用。

由于公共物品使用上的"搭便车"难题使得竞争性的市场不可能达到公共物品供给的帕累托最优。公共物品大多由政府通过非市场方式提供。对于国防和社会保障等这样的纯公共物品，政府一般通过向公民征税，获得提供公共物品的资金来供给公共物品。通过征税提供公共物品能够克服因为"搭便车"心理造成的公共物品短缺，且较为简单易行。公共物品的提供也已成为现代政府的一项重要政府职能。

随着技术的发展和机制的完善，一些公共物品在一定条件下可以转化为准公共物品或私人物品，这时政府就要把这种物品的供给交给市场，从而通过市场机制来提供，使其生产和消费更有经济效率。例如政府将高速公路交给私人建设和经营，高速公路投资者可以实施进入许可和收费制度，提供公路建设投资并通过过路收费收回投资，使其供给（建设和运营）更具效率。但是，对私人提供公共物品的价格，政府一般都会加以指导和限制。如果价格过高，消费者将减少对这类公共物品的需求，由于公共物品的非竞争性，这将导致总体社会福利的减少。如果价格太低，则供给成本难以回收更难以盈利，私人将没有经济动力和激励来提供这类公共物品。

2.1.2 作为公共资源的水资源

在水资源开发和使用的不同情形和不同场合，水资源使用所具有不同排他性和竞争性程度，可以确定其相应的物品属性（刘伟，2004）。一定区域内的水资源由于其难以阻止"搭便车"者使用，同时一些经济主体的使用会减少其他人的使用经济主体，因而具有一定的非排他性和竞争性，即具有"公共资源"的特征。美国著名政治学家、政治经济学家、行政学家和政策分析学家埃莉诺·奥斯特罗姆（Elinor Ostrom）对区域内水资源利用和管理进行了深入的研究，并提出公共池塘资源理论。2009年，埃莉诺·奥斯特罗姆凭借其对公共池塘资源等公共资源（公有财产）的自主治理问题的研究而获得诺贝尔经济学奖。

公共资源包括天然的或人造的资源，如灌溉系统或鱼塘。公共资源的特点使得它排他成本很高，但并非完全不可能。与公共物品的区别在于，公共资源可能会存在拥挤和过度使用的问题。公共资源（公有财产）通常包括核心资源（存量）和边际资源（流量）两部分，其存量部分应当得到保护以能够被可持续地利用，流量部分则可以当期使用，区域水资源的利用特征正是如此。因而，区域水资源具有显著的"公共资源"特征。

水资源往往以流域为单元，跨越多个行政区域，在水资源的开发和治理活动中，不同区域之间由于水资源的相对稀缺性和利用的竞争而易产生相互的利益冲突。同时水资源具有多种经济用途且其经济效益不尽相同，不同区域之间和不同产业部门之间因水资源调用而产生的经济价值差异较大时也存在着利益分配和协调问题。也就是说，如果将研究对象定义为流域内地区间关系，在水资源总量一定条件下，水资源具有一定的拥挤性和竞争性，即 A 地区对水资源的使用将挤占 B 地区对水资源的使用，进而对 B 地区的福利效用产生影响。由于公共资源本身竞争性的特征，且公共资源并不是无限的，公共资源面临着被过度使用的压力，并使得市场机制失效。

集体行动（Collective Action），是在公共资源使用和管理中经常使用的策略。集体行动指一群人（经济主体）为了达到既定目标进行合作决策。从制度层面上来讲，集体行动是介于国有化与私有化之间的一种制度，在很多公共资源使用和管理中得以运用。但传统的经济理论并没有解释应当一群人（经济主体）如何通过集体行动来解决公共资源过度使用的问题。Olson 认为，集体行动中个人的理性行为并不会带来集体理性的行为，每个参与者都会尽可能地从中获取最大利益而避免承担过多成本，因而当集体中的每个人都按照这样的原则行动时，集体行动就会失败（奥尔森，1995）。除了在人数很少的团体中，"搭便车"行为是普遍存在的。在人数较少的团体中，每个人的行动都会在较大程度上影响集体行动的成败，并且易被集体成员监督注意，因而其中参与人在成员监督下"搭便车"行为就不会很显著。但在很大的集体内，每个参与者的行为受到的监督很少，参与者除非有其他外在约束，其往往会从自身利益出发选择"搭便车"，这时其集体行动需要选择性的激励，比如通过法律或社会规范来对偏离符合集体利益的行动进行惩罚。在中等规模团体内部，这一"离德背叛"问题可以通过战略合作予以解决，即通过实施互惠互利的合作规则使得每个参与者在其他参与者合作的情况下也选择合作。

水资源的公共资源特性使得集体行为理论适合应用在区域水资源使用与水利设施的建立中。随着城市化、工业化的发展，城市人口和工业对水的需求量增大，城市开始挤占农业农村用水，工业化城市化发展较快地区挤占社会经济发展相对较慢地区用水。这相应带来城乡之间以及在不同用水城市间用水的利益冲突，这就需要在水资源从农村向城市转移或从一个地区向另一个地区转移的过程中对各方进行公平合理的利益分配和对应的利益补偿，以使得相关各方都有激励和动力参与到水资源共同使用和跨区转移的集体行动中来。

2.2 外部性与产权理论

2.2.1 水资源利用外部性

水资源利用具有公共产品（公共资源）的经济特性，其使用极易产生"外部性"，因此水资源的使用很难达到帕累托最优。对这个问题比较常用的解决方案是建立对水资源的集体使用权，将水资源流动性带来的外部化问题内部化。所谓外部性，指一个经济主体的经济活动对其他人和社会造成的非市场化的影响（Buchanan，Stubblebine，1962）。这种影响不是在相关经济主体之间的市场交换中发生的，外部性可以是正的，即一个经济主体的行动使他人受益；外部性更多情况下表现为负的，即一方的行动使得其他人利益受损或付出代价。在经济活动中无论是正外部性还是负外部性，都将带来资源配置低效和使用不当,而不能达到帕累托最优。

如果某个经济主体的经济活动存在正外部性,那么其私人活动的水平要低于社会总体所要求的最优水平。假定甲进行某项经济活动,其私人利益为V_p,该活动所产生的社会效益为V_s,甲的私人成本为C_p,假如存在正外部性,$V_p<C_p<V_s$,即其得到的私人利益小于私人成本,且小于社会利益。那么尽管这项经济活动对社会是有利的,甲作为理性的"经济人"也不会从事这项经济活动。如果甲进行这项活动,则甲的损失为私人成本与私人利益之差,为:C_p-V_p;其他人所得到的利益为社会利益减去私人利益,为:V_s-V_p。若$(V_s-V_p)>(C_p-V_p)$,那么就可以从其他人收益部分拿出一部分收益来补偿甲的损失,使得甲愿意进行这项活动,社会仍能从中获益。甲在实施了此项活动后,在没有使任何人变坏的情况下,使得社会总体福利状况变好,实现了卡尔多—希克斯改进。

负外部性对资源优化配置的不利影响同样明显。假定乙进行某项经济活动,其私人利益为V_p,乙的私人成本为C_p,该活动所产生的社会成本为C_s。假如该活动存在负外部性,$C_p<V_p<C_s$,即私人成本小于私人收益小于社会成本。那么尽管这项活动对社会不利,但乙作为理性"经济人"在无约束条件下仍会进行这项活动。因为,如果经济人乙不进行这项活动,则乙放弃的利益为私人利益与私人成本之差:V_p-C_p;社会其他人因此避免的损失为社会成本减去私人成本:C_s-C_p。若$(V_p-C_p)>(C_s-C_p)$,可以通过对经济主体乙(产生负外部性的经济行为)进行征税或强制支付,使其从事该项经济活动的私人成本和社会成本相一致,即$C_s-C_p=0$,来避免其他经济主体的损失,使其经济活动对社会总体而言达到最优。

由于水资源供给在一定时间和空间范围内具有一定的自然极限,同时区域水资源对生活、生产以及生态而言又具有不可或缺性,因此水资源跨区转移所造成的水资源使用的变化(使用地点、使用时间和用途等)必然带来外部效应,即对相关方利益或生态环境造成影响。一般而言,水资源跨区转移的工程所在地会承担较大的外部不经济影响,而受益地享受水资源转移的外部经济性。但水资源转移直接的价值实现和补偿难以通过正常的市场交换实现。学者对水资源跨区转移外部性也做了不少研究,如陈玉恒(2004)通过对大规模长距离的跨区水资源转移工程的研究,分析论述了跨区域调水所产生的经济效益、生态环境效应和防洪效应等正外部性;同时也分析了调水淹没损失、投资量大、调水区干旱化、盐碱化和受水区消耗水量增大等负面影响。刘普(2010)认为水资源跨区转移会对后代人、上下游等产生较坏的外部性,造成可用水数量减少、水质下降、使用水成本提高以及减少就业机会等。

为实现资源优化配置,充分发挥政府调节作用,经济学家推出一系列解决外部性问题的手段。明确产权、管制、经济主体合并、征税和补贴等都被认为是解决外部性问题的较好方法。在许多情况下,外部性导致资源配置失当、市场失灵,多是产权不明确造成的,如果产权完全确定并能够得到充分的保障,并能充分利用市场机制,就可以避免一部分外部性问题的发生。政府也可以通过管制手段(规定或者禁止某些行为)来解决外部性。但大多数情况下,政府难以充分了解各参与经济主体的信息，其社会运行成本也很高，有时还会产生权力寻租行为。同时水资源跨区转移发生在区域或产业之间，难以通过经济主体的合并来解决外部性问题。水资源跨区转移的外部性也可以通过征税和补贴这一方式解决。例如通过财政机制建立水资源使用税、生态环境税和生态建设税等，实施中央财政纵向转移支付或区域间横向财政转移的强制性模式，解决水利工程的资金投入不足和跨区水资源转移利用的利益补偿问题。

2.2.2 水资源产权管理

依照"科斯定理"的解释，资源利用其外部性的实质在于双方产权界定不清，要解决此问题就应当在明确界定产权的基础上进行自主交易。以水资源利用为例，浙江东阳和义乌就借鉴了西方国家跨州水资源跨区转移的经验，采取市场机制解决跨行政区水资源协调利用问题。地方政府和水利行政部门作为区际用水利益的代表和水权的代表，通过明晰权利并转让水权，使水资源通过市场机制得到强有力的约束，进而使水利工程建设区、水资源转移地区和收益地区等各行政区之间以及相应各产业部门之间的用水得到优化。

对于资源产权界定的资源配置作用，最有名的就是科斯所提出的有关科斯定理的思想。科斯定理是由美国经济学家科斯在其1960年《社会成本问题》一文中提出的基本思想。科斯在其《社会成本问题》一文中指出"合法权利的初始界定会对经济制度运行效率产生影响，一种权利的安排会比其他安排带来更多的产值"（Coase，1960）。只要产权明晰，在无交易成本下，经济资源就能够通过市场机制而得到优化配置，从而实现社会福利最大化。当存在交易成本时,不同的产权安排和调整会带来不同的资源配置和效率结果。也就是说,在交易成本不为零的条件下,初始产权划分会给产权人带来超值福利,即不同产权主体各自的福利效用水平完全不同(孔柯,2006)。如果没有相应的经济补偿,拥有产权的一方其福利的增进往往意味着另一方福利的受损。或者说,只有存在经济补偿的情况下,产权所有者才会自愿将产权让渡他人,并通过经济补偿实现自身福利增进,从而实现福利的帕累托改进。而无序的产权配置会带来市场混乱、交易成本上升,市场经济的资源配置和利用效率降低。通过明晰产权和规范约束参与人的行动,可以形成良好的市场秩序和社会信誉,减少信息成本和交易成本,有效地配置和利用资源。

水资源是流动的、整体的、具有多种用途的自然资源,所以水权比一般的静态资源产权内涵丰富。从主体角度而言,水权包括国家水权、地区水权、法人水权和自然人水权。从权利客体角度而言,不是所有用水主体都需要获得完整意义的水权束,由于不同用水主体的收益和成本不尽相同,用水中所承担角色、经济实力、市场偏好、用水性质和用水目的不同,不同用水主体对水权的要求也不尽相同。用水主体将基于各方面条件权衡自己的经济得失,按照自身利益最大化的原则进行权利占有和利用决策(孔柯,2006)。

水资源跨区转移的实质是水资源使用权的转让。取得水资源使用权的单位或组织,可在国家法律允许的范围内,通过协议、招标、拍卖等方式进行水资源跨区转移,双方达成一致意见后签订水权转让合同,并进行水权变更登记。现在我们基于水权的明晰来分析水资源转移所导致的各方福利变化（图2-2）。水资源具有明显的地域特征，我们可以假设甲地区为水资源转移供给方，而乙地区为水资源转移接受方（需求方），假设双方水资源交易中无任何政府行政化干预，且不存在任何交易成本。也就是说，甲地区是供给方，是水资源市场价格的决定者，它可以通过改变市场价格来改变自己商品的销售量，当价格下降，销售量增加，所以甲地区水资源的需求曲线是一条向右下方倾斜的曲线，如图2-2中D线所示。根据边际报酬递减规律，甲地区的边际收益（MR）也是递减的，且向右下方倾斜，小于水商品的价格P；根据经济学成本理论，同时作出平均成本（AC）、边际成本（MC）曲线。

当甲地区把水资源卖给乙地区时，买卖双方在交易过程中都获得了收益，我们称为生产者剩余和消费者剩余。消费者剩余是购买者在市场交易过程中从市场上得到的收益；生产者剩余是出售方在市场交易过程中得到的收益。消费者剩余等于买者的愿意支付减去买者的实际支付；而生产者剩余等于卖者的实际收入减去卖者的实际成本。水资源跨区转移中社会福利等于消费者剩余加上生产者剩余之和，或者等于总消费效用与生产成本之差。也就是说，社会福利=总剩余=买者的愿意支付－买者的实际支付＋卖者得到的收入－卖者的实际成本。由于买卖是同时发生的，买者实际支付与卖者实际得到是相等的，二者互相抵消，因此其社会福利就可以简化为：总剩余=买者的愿意支付－卖者的实际成本。

假设甲地区转移水资源量为 Q，甲地区的收益函数为 $R(Q) = p_1 \times Q$，甲地区节约 Q 量水资源的成本为 $C(Q)$，那

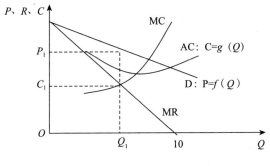

图 2-2 水资源供需

么甲地区的生产者剩余为：

$$S_s = R(Q) - C(Q) = p_1 \times Q - g(Q) \times Q$$

乙地区购买水资源量为 Q，愿意支付的代价 $D(Q)$ 为产生的消费者剩余为：

$$S_d = D(Q) - R(Q) = f(Q) \times Q - p_1 \times Q$$

可以看出，水权的分配和管理直接影响水资源使用各方利益，它不仅关系到资源利用的经济效率，还涉及区域间的社会公正公平。我国水资源总体短缺且时空分布不平衡、地区之间社会经济发展不均衡、不同地区行业之间用水利益关系复杂等问题，都使得我国水权配置与管理问题的解决困难而复杂。目前，我国的水资源管理中的水权制度建设正处在由中央集中管理向流域与区域相结合、计划与市场相结合的多层次管理模式转变（孔柯，2006），水资源跨区转移协调与管理处于探索阶段，亟需完善水权制度等一系列水资源管理制度和相关法律法规。

根据我国目前的水资源管理制度规定，水资源产权界定仅仅局限于水资源的使用,并不包括交易转让和处分权能。政府部门的计划调节方式和不充分的产权配置,使得当事人不会因为节约或者浪费水资源而产生任何收益或者损失,因而当事人在水资源使用上缺乏经济性的考虑,在节水问题上趋于不作为,造成水资源的浪费和使用的低效。水资源跨区转移带来的水资源使用权的转让、水资源作为公共资源权利的复杂性,使其收益在当前制度框架下难以通过直接市场显现,可以通过水资源转移各参与主体进行协调分配水资源转移的增值收益,并对利益受损方(或未得到收益方)进行公平合理的利益补偿来实现水资源价值的市场化并保证水资源使用的公平与效率。

2.3 水资源价值论

水资源价值理论研究是水资源价值核算的基础,是水资源价值、价格应用研究的理论指导,在水资源价值研究中举足轻重。水资源价值研究是在传统自然资源价值观反思的基础上开展起来的,伴随着现代经济的迅速发展,人们已认识到传统的价值观念难以适应经济发展的需要,水资源价值理念必须进行重新认识并加以完善。近年来,关于水资源是否具有价值、为何具有价值和具有怎样的价值,理论界对其进行了广泛的探讨和总结(沈大军等,1998;王浩等,2002;卢亚卓等,2007;周万清、葛宝山,2009;秦长海等,2012;甘泓等,2012)。水资源利用的价值问题多年来都是国内外学者关注的焦点问题,学者们在一些资源价值理论研究以及资源核算探讨等文献中,不同程度地涉及了水资源价值的问题,国内外学者主要以劳动价值论、边际成本论和效用价值论等为出发点，在理论上探讨了水资源的价值内涵，为水资源价值和价格的研究形成了一定的理论基础。

2.3.1 劳动价值论

劳动价值论是指物化在商品中的社会必要劳动量决定商品价值的理论。马克思的劳动价值论是在批判地继承了古典政治经济学的劳动价值论的基础上，建立起来的科学的价值理论。马克思劳动价值论认为一个物品其价值量的大小决定于所消耗的社会必要劳动时间的多少，也就是说人类赋予水资源的劳动消耗量决定水资源的价值。人类投入到水资源上的劳动消耗体现在具体劳动和抽象劳动上，其决定了水资源的使用价值和价值。从劳动价值论来看，水资源是否具有价值，关键看水资源本身是否凝结了人类的劳动。在这方面有两种不同的观点，其中一种观点认为自然状态下的水资源是大自然的天然产物，它没有凝结人类劳动，不是人类创造的劳动产品，因而没有价值；而另一种观点则认为今天的人类社会已不是马克思所处的时代，人类为了保持自然资源的消耗与经济发展的需求增长相均衡，已经投入了大量的人力物力对自然的水资源进行观测、监测和管理等，天然自然水资源也都包含有人类的劳动，因而其具有价值（吕翠美等，2009）。

20世纪90年代起，国内不少学者从是否赋予水资源以劳动价值等方面来界定水资源的价值。如蒲志仲、颜振元（1993）认为，长期以来人类在保护和利用水资源等自然资源的过程中投入了大量的人力和物力，天然的水资源已打上了人类劳动的烙印，因而具有价值；封志明等（1996）在分析马克思的劳动价值论的基础之上，提出了资源的二元性，同时他认为水资源本身具有稀缺性，是"社会必要劳动时间所实现的虚假的社会价值"。钱阔（1996）等认为，人类早期自然资源极大丰富，同时人类在社会劳动中需要依靠自然力的帮助，人类不需要付出具体劳动自然资源就自然生成自然存在，因而在这一特定环境和历史条件下自然资源是没有价值的。同时他对马克思劳动价值论做了进一步的发展，并提出了"资源动态"的概念。这种观点尽管提出了资源动态的概念，但资源的价值并不仅仅是人类所投入的社会必要劳动时间，这种观点却泛化了马克思的劳动价值论。陈家琦等（2002）认为人类在水资源开发和利用中，通过投入劳动对资源进行调查评价、测量和保护，且人们也投入了大量劳动来进行水资源保护和水生态及环境保护，维护社会经济发展与自然资源的可持续利用，这些都体现了水资源的价值。李永根、王晓贞（2003）认为研究社会主义市场经济条件下的劳动及劳动价值理论，不能完全照搬马克思劳动价值论，而水资源的价值主要是由维护水资源所有权和影响水资源水质水量的劳动形成的。李友辉、孔琼菊（2010）基于马克思的劳动价值理论，结合农业水资源利用现状和农业用水水费征收现状，分析指出水资源价值来源于"水资源开发利用过程中所投入利用的太阳能值，它包括水资源本身所储存的能值和劳动者所创造的价值"。李德玉、任航（2013）在研究水资源价值时同样强调水资源具有劳动价值。劳动价值论为水资源价值形成提供了深厚的理论基础，但在社会主义市场经济条件下，还需要与时俱进并密切关注自马克思创立劳动价值论以来人类生产劳动已经出现的新情况、新特点，深入研究水资源价值的多重内涵。

2.3.2 边际机会成本论

边际机会成本理论思想的产生最早可追溯到 20 世纪 Pearce 与 Cooper 关于"成本—效用"分析方法局限性的争论。Pearce（1989）将使用者成本的概念用于分析可再生资源在不可持续利用方式下可能产生的成本，进而提出了边际机会成本的理论框架。Warford（1992）也指出可用边际机会成本方法确定自然资源价格。Panayaotuo（1994）分析了全成本定价的市场价格及均衡产量，并指出它们是可持续发展的有效工具。国内对于边际机会成本理论的研究则较为落后，一些学者在 Pearce 的边际机会成本理论的基础上逐步展开研究，在理论上和实践中取得了一定的成果。章铮（1996）认为边际机会成本在理论上应该等于单位水资源的全部成本，而水资源的自净能力作为一种环境资源它同样具有边际使用成本。王晶和刘翔（2002）采用边际机会成本理论对自然资源的定价进行了解释，并比较了各种自然资源定价方法在实际应用中的适应性及各自优缺点，为自然资源开发中的环境损失估算提供了理论支持。傅平（2004）研究了边际机会成本动态模型，对建设时滞对增量成本的影响以及边际使用者成本进行分析，并应用边际机会成本模型分析了稀缺水资源的利用。刘卫国等（2008）用边际成本分析方法，以水资源费为主要变量构建了多水源水价模型，来研究南水北调工程水价对受水区水资源优化配置的作用，他认为通过调节水资源供需平衡和水价格弹性来引导商品水的消费模式和消费需求，从而实现受水区水资源的优化配置。毛锋（2009）研究了边际机会成本论在水资源价值计算中的应用，认为该边际机会成本方法可以在计算中有效地整合资源因素与环境因素，但是该方法在计算上较为困难，同时缺乏可比性且忽略了水质等因素。曾晶和石生萍（2012）基于边际机会成本理论，分析了农村自然资源管理制度的选择，并在环保制度与破坏修复、资源利用及保护、产业准入和非正式制度等方面提出了相关措施和建议，以使自然资源价格形成体系能够客观反映出资源的边际机会成本。

边际机会成本理论一般认为当水资源的价格等于其边际机会成本（包括水资源的边际生产成本、边际使用成本和边际外部成本）时，水资源可以得到有效的可持续利用。理论着重于研究水资源配置和配置的经济效率，将水资源看作是可以市场化的物品，能够通过成本的衡量来度量水资源利用的经济价值，为分析水资源价值提供了崭新的视角，对于水资源的经济利用和有效配置提供了科学有效的理论基础和分析工具。但将边际机会成本论应用于水资源价值的衡量依然存在着一些问题，水资源的边际使用成本和边际外部成本在实践中测算比较困难，且在地区间缺乏可比性，难以进行时空分析和宏观上把握水资源价格的变化。同时，边际成本理论往往也忽略了水质对水资源价值的影响，而水资源价格不仅与量有关，更重要的是与水质有关，只从量的方面考察水资源价值是不够的。

2.3.3 效用价值论

效用价值论是指从物品能够满足人的欲望需求的能力，或人对物品的主观效用评价的角度来解释物品的价值及其形成过程的经济理论。所谓的效用是指物品满足人的需要的能力。边际效用理论从需求的角度来阐释价值，它认为物品对人的价值取决于特定人的欲望需求及其对该物品的估价，是人对物的一种心理感受。19世纪50年代前，效用价值论主要表现为一般效用论，自19世纪70年代以后，主要表现为边际效用论。英国早期经济学家N.巴本认为，一切物品的价值都来自它们的效用，物品的效用在于它满足人类天生的欲望的能力。边际效用价值论又称为主观价值论。效用价值论认为，物品的效用是指物品满足人们欲望的性能，价值是从人们的主观心理角度出发对该物品效用的评价。庞巴维克把价值分为主观价值和客观价值，主观价值是"一种财货对物主福利具有的重要性。"客观价值是"一种财货获得某种客观成果的力量或能力。"水资源从无价转为有价，这就说明了水资源的稀缺使其边际效用不断递增。基于效用的概念，国内学者李金昌（1991）系统介绍了边际效用价值论的主要观点，即效用是价值的源泉、是形成物品价值的必要条件，将效用同稀缺性结合起来，便形成商品的价值。王欢（2012）基于边际效用理论建立的水资源价值模型，区分了行业水资源价值。雷波等（2013）利用效用价值论对农业水资源效用的内涵和分类进行了界定，并提出了农业水资源效用综合评价理论框架体系。

现代效用价值论认为效用是资源价值的源泉和必要条件，资源的价值取决于其边际效用量，且边际效用存在递减规律。随着水资源对人类生产生活的重要性日益增加，其效用和价值也随之凸显。效用价值论从需求角度研究分析了资源的价值内涵，进一步深化了人们对于资源价值的认识。但其着重于对资源主观评价的强调，而忽视了供给及成本等因素对于价值的影响，同时人的欲望和估价也会随着资源稀缺性的变化及心理因素的变化而变化，因而在度量水资源价值上也存在一定的局限性。

纵观国内外有关水资源价值理论研究，可以发现传统的劳动价值论、边际机会成本论和效用价值论等理论都是为了解决社会经济发展中所出现的水资源问题所做的探究，为探讨水资源转移利益补偿中的价值衡量问题提供了理论基础。但值得指出的是，目前的这些研究大都仅考虑水资源本地化利用价值问题，也还都没有涉及水资源跨区转移利用所创造的外部性价值及价值变化等问题。

2.4 水资源价值的度量

水资源价值的度量即如何基于以上水资源价值论而采用相应的计算方法对水资源的价值进行估算和测量。当前大多数水资源价值度量的依据主要是从投入和效益两个角度进行的。其中基于投入角度度量的方法主要核算对水资源的各项投入来测算其价值，与此相对应的研究方法包括生产函数法和机会成本法；基于收益角度的测算方法主要估算水资源所带来的外部效益，以及增加的生态服务价值等非使用价值，主要采用支付意愿法。

2.4.1 生产函数法

生产函数表示在一定的技术水平下，生产要素的某种组合同它可能生产的最大产出量之间的数量关系。假定有 n 种生产要素,如资金、劳动和土地量等,其投入量分别为 X_1, X_2,……,X_n,生产处于最佳状态时,其最大产出(生产量)为 Y,生产函数即可表示为 $Y = f(X_1, X_2, \cdots, X_n)$。其经济含义是:在一定的技术水平条件下,在某一时间内为生产出 Y 数量的某产品,需要相应投入的 X_i 生产要素的数量及其组合的比例;如果 X_i 的投入量已知,那么就可以得出 Y 的最大量;如果 Y 为已知,那么也就可以知道所需要投入的 X_i 的最低限度量。

我国学者利用生产函数法建立相应模型来研究水资源价值,为解决一些实质性水资源管理问题打下了基础。刘东兰(2000)假设生产者追求成本最小或者利润最大化为条件,推导出水资源的引申需求函数,然后应用生产函数法来评价水资源价值,并由已知的其他生产要素价格估计出未知的水因子价格。周奇凤、季云(2008)将生产函数分为线性函数和非线性函数,构建工业供水效益函数模型(线性的和非线性的供水函数模型),将生产函数法应用于城市供水效益分析。翟春健等人(2009)基于柯布-道格拉斯生产函数,构造一个跨年度的城市工业用水过程生产函数 $W(t) = B_0[V(t)]^{b_1}[W(t-1)]^{b_2}[R(t)]^{b_3}$,式中 $W(t)$ 为第 t 年城市工业用水量;$V(t)$ 为第 t 年城市工业总产值;$R(t)$ 为第 t 年城市工业水价;其他参数均为常数,建立工业生产函数法对城市工业用水量进行预测,结果表明该方法预测精度较高,平均相对误差低于 6%。吕素冰(2012)将水资源作为第三种要素纳入到柯布-道格拉斯生产函数中,作为生产函数的自变量之一,计算水资源所创造的经济效益。考虑了水资源要素的柯布-道格拉斯生产函数

可表示为 $Y = A_t L^\alpha K^\beta W^\gamma$，上式中，$Y$ 为总产值；A_t 是技术效率；L 为劳动力；K 为固定资产投资；W 为用水量；α 为资本弹性；β 为劳动弹性；γ 为用水弹性。对上式两边进行求导即可利用其用水弹性求出水资源的边际效益。

生产函数法将水资源视为生产要素，通过建立生产函数，能够较好地估算出用于产业生产的水资源的资源价值，但该方式不是很适合对于景观、防洪、生态保护或环境保护等水资源用途所产生的水资源价值的估计。

2.4.2 机会成本法

机会成本法是费用效益分析法的重要组成部分，它常被用于某些资源利用的社会净效益难以直接估算的场合。当选择了一种方案就意味着放弃了使用其他方案的机会，也就失去了获得相应效益的机会。机会成本法的数学表达式为 $C_k = \max\{E_1, E_2, E_3, \cdots, E_i\}$，式中：$C_k$ 为选择 K 方案的机会成本；$E_1, E_2, E_3, \cdots\cdots, E_i$ 为除 K 方案以外其他方案的效益。

在环境经济学领域，机会成本法较多地应用于评价居民用水和生态环境用水方面，学者还将其应用于其他领域，也取得了较好的应用效果。倪红珍等（2003）以机会成本方法研究了水资源的价值体现及其商品价值与价格构成，指出自然资源定价应考虑其生产成本、使用成本和环境成本。熊萍、陈伟琪（2004）从机会成本的基本内涵概念入手，对机会成本法在环境与资源管理决策中的应用现状作了论述，并以宁波象山港为例探讨了机会成本法在海域资源规划管理中的应用。沈满洪（2004）以千岛湖地区的生态补偿量为例，综合分析了林业、水利、环保等部门的生态保护投入、限制发展的机会成本等，从成本的角度提出了水资源生态补偿标准的计算方法。江中文（2008）利用机会成本法、费用分析法和水资源价值法三种方法对南水北调中线工程汉江流域水源保护区生态补偿标准进行估算，结果显示运用机会成本法计算得出的结果较低。李怀恩、尚小英等（2009）利用机会成本法建立了流域生态补偿标准机会成本方程，利用反映水资源最佳用途价值的机会成本来计算环境质量变化所造成的生态环境损失或水生态服务的价值。张大鹏（2010）也运用机会成本法评估了石羊河流域河流生态系统服务功能及农业节水的生态价值。苗丽娟等（2014）在海洋生态补偿标准的应用中，探讨了海洋机会成本的基本内涵、特性及其具体核算模型，并以庄河青堆子湾大型海水养殖场为例，应用该方法确定围海养殖工程最低生态补偿标准。

与其他经济评价方法相比，机会成本法简单易行且有一定适用效果，可为环境与资源不同利用方式的选择、为环境与经济的权衡提供决策依据，虽然该方法充分考虑了水源区的利益，但计算公式简单，考虑的因素太少，计算结果往往偏大。

2.4.3 条件价值评估法

在很多关于生态环境价值问题的分析中，市场方法很难被采用。公共政策或者生态环境所提供的效益很难在市场交易中被衡量，比如水资源污染的减少或水生态环境的改善带来效用的提高等。一种可行的方法是对目标人群进行询问调查来得出群众对于政府环境政策的偏好，即条件价值评估法（Contingent Valuation Method，简称CVM）。在评价水环境资源的非使用价值时，意愿调查法或条件价值评估法几乎是唯一可行的方法。Ciriacy-Wantrup 最早于 1947 年在理论上提出条件价值调查，并认为可以其作为一种方法来评估非市场物品的价值。Davis 于 1953 年首次将该方法付诸实践应用，来评估研究缅因州林地的宿营和狩猎价值。

条件价值评估法是在假想市场情况下，直接调查和询问人们对某一资源保护或环境效益改善措施的支付意愿（Willingness to Pay，WTP）或者对资源环境质量损失的接受赔偿意愿（Willingness to Accept，WTA），以人们的 WTP 或 WTA 来估计资源和环境的价值（张志强等，2003）。条件价值评估法是通过调查受访者对水资源的使用价值与非使用价值的支付意愿或受偿意愿来评估水资源的价值，是亚洲开发银行和世界银行集团推荐使用的可用于评估资源和环境价值的一种经验方法。这种方法操作的基本步骤是给定未来环境改变的情形，询问被调查者愿意为此环境变化支付的金额（WTP）或获得赔偿的金额（WTA），这是一种典型的陈述偏好评估法，被广泛使用在估计大众对环境资源的评价中。但是由于很多研究者担心由于"搭便车"心理、假想偏差、支付方式偏差等的存在会使得被调查者不能表达自己的真实偏好，这一方法在初期并没有被广泛使用。20 世纪 60 年代起，条件价值评估法（CVM）在对海洋资源、湿地保护、空气污染等问题的研究中开始被广泛应用，并不断改进。

徐中民等（2002）采用条件价值法和环境选择模型等生态价值评估方法，对黑河中上游的甘肃张掖和黑河下游的内蒙古额济纳旗两个地区的生态恢复项目作了实地的调查评估，得出了区域生态恢复的总经济价值。张志强等人（2002）采用条件价值评估方法评估了黑河流域居民对恢复张掖地区生态系统服务的支付意愿。孙静等（2007）运用支付意愿法计算了新安江流域上游地区的水资源价值，结果表明新安江流域上游地区水资源价值在 0.71~0.73 元/立方米。张大鹏（2010）在对石羊河流域生态环境问题进行分析的基础上，采用条件价值法中连续型的支付卡方法，对流域中居民对于恢复生态系统服务价值的支付意愿进行了调查评估；结果表明如在 2020 年前将该流域的生态环境恢复到预期目标，全流域共有 92.23% 的居民有支付意愿，其中最大支付意愿为 127 元/（户·年）。赵卉卉等（2014）利用支付意愿法研究中国流域生态补偿标准核算方法，通过实地调查获得的各类受水区最大支付意愿与该区人口的乘积得到最大支付意愿的补偿标准。

条件价值评估法能够充分考虑资源使用受益方或受偿方的主观支付或受偿意愿，对难以市场化的资源进行定量的评价，在难以发现直接市场价格和找到替代市场时，条件价值评估法是一种切实可行（甚至可能是唯一可行）的资源价值评价方法。但是条件价值评估法容易受到人为因素影响，带有较强的主观性，缺乏足够客观性，与受访者教育水平、理解能力等相关，所得出的结果浮动较大。

2.5 水资源转移利益补偿

水资源的地域分配不够均衡在很多国家和地区都很常见。区域间分配不均主要表现在大部分水资源集中在部分地区，在经济发达的地区水资源偏少,而经济较为落后的地区水资源较多;人口多的地区水资源少,而人口少的地区水资源多。要解决这一问题需要在水资源管理制度和机制上做出更为合理有效的制度安排,例如政府干预,通过公共部门来分配水资源、建立水资源交换市场、按照用户需求分配水资源和按照边际成本为水资源定价等措施(Wolf、Dinar,1994)。很多研究用最优化的模型探讨了分配水资源最有效的方法。比如,Booker、Young(1994)建立了一个水权转移的最优模型,模型中考虑到了水的质量与数量,考虑了对水的消费需求和非消费需求,结果证明了水资源的市场交易机制可以提高社会福利。Karamouz(2004)利用动态规划问题研究德黑兰地区地表水和地下水的共同使用问题。虽然自由市场下的解决方案在理论上是高效低成本且最大化福利的,但在很多地区共享同样水资源和水利设备的情形下,这种方法并不适用。区域内共用水资源的价值不能完全地在市场上体现,而且对水资源不仅存在消费需求也有非消费需求,而后面一种需求很难市场化。此外,水资源的供给有很大的随机性,如降水每年都会有差异,用传统的供给需求模型很难刻画关于水资源的情况。有些文献尝试解决这一问题,如 Tsur、Zemel(1995)探索了在地下水资源的改变不可逆转的情形下如何最有效地管理和分配水资源。Zeitouni(2004)研究了在水资源存量不确定的情况下如何管理水资源。

对在共同使用水资源过程中出现的利益冲突及其解决,一些文献采用博弈方法对此进行了探讨。Brown(1995)将冲突定义为不同人或集体在利益上、观点上或是偏好上的分歧。当两个人以上存在利益冲突的时候,最好的方法是达成和解协议。Rogers（1993）研究认为合作博弈方法在协调跨界河流水资源分配中的价值，相对非合作均衡解，合作博弈提高了参与主体福利。Bielsa、Rosa（2001）采用博弈模型对博弈参与者的合作与非合作行为进行模拟，通过比较不同行为利益认为公平分配合作所带来的利益能够有效地解决水资源冲突问题。Loaiciga（2004）利用博弈论分析了地下水开采的速率，并对比了合作博弈和非合作博弈的结果。Coppola、Szidarovszky（2004）通过博弈论方法分析了在水资源供给和水污染程度之间如何最优地权衡。Kerachian、Karamouz（2006，2007）在此基础上提出了两个随机模型来分析水库中水资源的管理问题，考虑到了水库水流受到降水变化、上游变化等的影响。

水资源共同利用及水资源的转移还要解决水利设施的投资和修建问题。这个问题在经济学和政治科学中都有着广泛的讨论。Young（1986）认为成本分配取决于各方讨价还价的能力，这在更大程度上是一个政治而不是经济学的问题。Lejano、Davos（1995）运用合作博弈方法研究了南加州地区的水资源的重复利用和水土保持项目的成本分摊问题，得出公平分配成本的方法能够使得合作的联盟长期保持稳定。水利设施的三个特点（即投资过程中资本密集、使用时间长、规模经济）使得在修建水利设施过程中集体决议尤为重要。但 Olson（1965）指出通过集体决议提供公共产品存在着"搭便车"行为；除非集体中的人数足够少，或者存在特别的机制使得个体能够为集体利益着想，理性的个人难以为了集体的利益而做出相应符合群体利益的决策。解决这一问题关键是如何寻找一种非强制性的机制能够促进集体决策的发生，其中合作的制度安排非常重要：如果规则简便透明，监控成本和实施成本足够低，对不服从有一定惩罚措施，成功的集体决策也是有可能的。

现有专门涉及水资源跨区转移利益补偿问题的研究还不多，有关水资源跨区转移补偿问题的研究至今仅集中在水利工程投资的区域补偿机制和水源地生态补偿机制的研究上。在水利工程投资补偿研究方面，Tilmant 等（2009）和魏守科等（2009）从供水成本的角度，提出水资源跨区利用中的受益方应该对水利工程投资方进行补偿，补偿其在水利工程建设和维修等方面的投入。在水源地保护生态补偿研究方面，BenDor、Riggsbee（2011）；Wei、Xia（2012）都从水资源利用的外部性理论和"可持续发展"理念出发，提出了跨流域调水中的生态补偿原则和补偿标准。以上两方面研究虽在一定程度上可为水资源跨区利用的利益补偿提供依据，但这些研究没有考虑跨区转移的水资源在输入地经济价值及生态环境价值增值问题，更没有研究如何将这些增值利益向水资源输出地进行利益返还，以实现水资源外部效益内部化。一些学者也对水资源跨区转移的利益补偿管理机制进行了相关的研究。对于如何实现水资源利用的跨区协调，大多数学者从探讨区域利益主体间关系入手，提出跨界水资源管理的利益补偿机制。一些学者（如Heaney 等，2006；王亚华、田富强，2010）主张通过市场交易解决办法来建立利益补偿机制。另有一些学者（如生效友，2007；Mylopoulos、Kolokytha，2008）则主张可以通过联合开发水利项目形式进行水资源利益分享。还有一些学者（如Wei 等，2010；葛颜祥等，2011）主张通过政府间协商，以财政转移支付方式来实现水资源转移利用的利益补偿。此外，对如何构建跨区水资源协调管理制度，大多学者都主张实施流域和区域分工管理相结合的协调管理方式（陈菁等，2004；汪群等，2007；邢华、赵景华，2012），但在流域与行政区域"如何结合"等问题上仍存在一些模糊和争议之处。现有研究虽然提出了诸多不同方式的水资源跨区协调管理制度，但对区域内部和区域之间水资源供需协调中利益配置机制问题的分析非常匮乏，忽视了跨区水资源利用的增值利益分配及其返还方式，导致实践因缺乏研究的指导而经常陷入困境。

上述研究现状表明，学术界对于水资源跨区转移补偿问题的研究主要集中于水利工程投资的区域补偿、水源地生态补偿以及水资源跨区供需协调管理问题，尚未深入研究水资源在跨区转移利用中的价值增值以及增值利益补偿问题。因此，亟需在理论上构建水资源跨区转移的利益补偿管理机制，并应用于跨区水资源协调管理利用实践中，这将具有清晰的理论价值和决策参考价值。

2.6 小结

通过以上对水资源利用的理论基础梳理和相关水资源使用的价值度量和跨区转移的利益补偿的文献评述，可以看出水资源在区域内使用具有稀缺性，是一种公共资源和经济物品，在跨区转移利用上具有一定的经济外部性，需要进行跨区的利益补偿，以实现水资源外部效益内部化。而实施水资源跨区利用的利益补偿，需要对水资源的价值进行科学的界定，并对其价值进行科学合理的度量。目前学者从不同角度提出了不同的水资源价值度量方法，需要结合实际和研究需要选用科学合理的度量标准。同时，目前国内外学者对水资源跨区转移的利益协调、利益分配和利益补偿等问题也进行了多角度的研究，取得了一定的研究成果。但学术界对于水资源跨区转移补偿问题的研究主要集中于水利工程投资的区域补偿、水源地生态补偿以及水资源跨区供需协调管理问题，尚未深入研究水资源在跨区转移利用中的价值增值以及增值利益补偿问题。因此，亟需在理论上构建水资源跨区转移的利益分配与补偿管理机制，并应用于跨区水资源协调管理利用实践中，这将具有重要的理论价值和决策参考价值。

3 水资源跨区转移的增值分析

作为一种经济活动,水资源的跨区转移带来其价值的变化、价值的转移和利益的调整。这种水资源转移后的利益调整首先要准确量化水资源转移所带来的价值变化,这就需要对转移的水资源的价值及其增值进行科学有效的计算和衡量,以作为水资源转移利益分配、补偿和协调的依据。

3.1 水资源价值衡量

由于不同用水部门水资源具有不同的使用特点和经济特征,其中水资源在生产部门作为一种生产要素投入生产中产生实际的经济价值,在居民生活用水部门水资源是一种公共消费品,由公共部门提供,其价值主要体现在其生产成本上。而在生态环境用水部门,其产生的价值不是直接的经济效益而是居民效用(包括使用价值和非使用价值)的满足。水资源转移中水资源将在不同部门得到利用和增值,同时由于水资源的价值并不能通过市场机制完全显示出来,因此我们将基于不同部门水资源利用特点采用针对性的价值评价方法来衡量各个部门的水资源的价值。本节将基于水资源价值理论,相应地采用多种科学合理的价值度量方法来衡量不同类型的水资源的价值及其价值变化。

3.1.1　产业部门用水价值评估

农业、工业和服务业在生产过程中都需要用到水资源。在农业部门，水资源用于灌溉作物，与种子、肥料和种植机器一样是不可或缺的生产要素。在工业部门，很多生产环节都需要用水，比如中间产品的冷却和运输、产生蒸汽、电力生产、环境清洁等，在一些食物生产行业中，水更是直接作为生产要素投入生产中。服务业的很多领域也需要使用水资源，如住宿、餐饮和旅游等。

关于水资源在产业中的使用，学者们将水资源作为和劳动力资本一样的生产投入要素来估算水资源的价值。我们也沿用这一思路，将水资源作为生产函数的组成部分，通过对生产函数的分析来求解水资源的边际产出，从而推导出水资源在产业部门所产生的价值，这一分析思路在农业部门、工业部门与服务业部门都适用。

生产函数的一般形式可以表示为：$Y = f(K,L)$。而如果将水资源作为一种投入要素，则包含水资源投入的生产函数的一般形式可以表示为：$Y = f(K,L,W)$。这里 Y 表示总产出，K 是生产中的资本投入，L 是劳动力投入，W 表示水资源投入。

在本研究中，我们采用 Cobb-Douglas 生产函数来对水资源的边际产出进行估算。Cobb、Douglas（1928）认为在生产中存在着一定的规律，不同生产要素的投入占固定的比例，分配给各个要素的产出与其在生产中的贡献是对等的，并因此而提出了 Cobb-Douglas 生产函数（简称 CD 生产函数）。CD 生产函数在实证研究中被广泛采用,但使用这一函数也存在着一定的局限,比如这一生产函数假定生产要素是叠加的并且生产要素性质相同,但这些假设在一些情况下并不成立。Christensen(1973)提出了改进方法,主要利用 log 形式的生产函数进行二阶展开。log 形式的生产函数要比固定生产要素替代弹性的生产函数更加灵活,在分析生产函数与要素市场中也被广泛使用。下面就利用生产函数的方法,对水资源在产业中的边际价值进行分析。

水资源的 Cobb-Douglas 生产函数可表示为:

$$Y = Ae^{mt}K^{\alpha}L^{\beta}W^{\lambda} \tag{3-1}$$

其对数形式为:

$$\ln Y = \ln A + mt + \alpha \ln K + \beta \ln L + \lambda \ln W \tag{3-2}$$

其中:Y 为区域内国民生产总值;A 表示常数项;m 表示技术进步系数;t 表示时间;α 表示固定资产投资弹性;K 表示固定资产投资;β 表示劳动力投入弹性;L 表示劳动力投入;λ 表示水资源投入弹性;W 表示水资源使用量(用水量)。

在本研究中我们假设规模收益不变,$\alpha + \beta + \gamma = 1$;这样我们即可以将资产投入、劳动投入和水资源投入对产出的贡献分离出来。这样水资源的边际产出可以相应地表示为:

$$\rho = \frac{\partial Y}{\partial W} = \frac{\partial \ln Y}{\partial \ln W} \times \frac{Y}{W} = \sigma \frac{Y}{W} \tag{3-3}$$

该式等于因变量产出的相对变化对自变量水资源投入的相对变化的比,那么水资源在产业部门创造的总价值为 $(\partial Y/\partial W)W$。

3.1.2 居民用水价值估计

钟玉秀（2001）对水价的构成及要素进行了分析，认为完整意义上的商品水价应由资源水价、工程水价和环境水价组成。王浩等（2003）提出的面向可持续发展的全成本水价构成理论及水价计算方法也是将水价定义为资源水价、工程水价和环境水价的加成。即：

$$P_{w,t} = P_r + P_c + P_e \tag{3-4}$$

式中 $P_{w,t}$ 为某时期的水资源使用水价；P_r 为资源水价，包括水资源稀缺租价、水资源涵养保护费用和水资源管理费等；P_c 为工程成本，包括供水生产成本和费用、供水合理利润和供水税金等；P_e 为环境成本，包括水环境的恢复补偿费用和水污染治理与防治费用等；其中资源水价 P_r、工程水价 P_c 和环境水价 P_e 将分别根据价值折补法进行计算。

水利部部长汪恕诚也提出：水价应等于工程水价加上环境水价和资源水价。工程水价是对供水主体（企业）经营成本和合理利润的补偿；环境水价是污水处理主体成本和对生态环境影响的补偿；而资源水价是国家对水资源的所有权并对水资源进行综合调控管理的体现，其受到水资源总量、水资源供给规模与结构、水资源需求规模与结构、用水效率和经济发展状况等多种因素影响。该公式得到整个水利行业的认同，各地正在探索该公式的具体应用。水资源在居民用水部门的价值，也使用机会成本法来估计水资源满足居民用水需求过程中体现的成本来衡量这部分水资源的利用价值。

$$P_{wh} = C_r + C_c + C_e \tag{3-5}$$

其中 P_{wh} 表示居民部门单位用水价值，C_r、C_c 和 C_e 分别表示水资源使用的资源利用成本、工程成本和环境成本。

为简化分析，本研究以居民部门用水平均价格或基础价格来衡量转移的水资源在居民部门的单位用水价值。居民用水价格是指供水企业，借助一定的管道网络等工程设施向居民家庭提供供水服务而向居民家庭和居民生活服务部门收取的单位费用或单位价格。本研究中将居民生活用水、与居民生活有关的经营性和非经营性用水均纳入居民用水部门。居民用水过程中需要缴纳水费，因此我们可以利用居民用水价格与用水量的数据来估计居民用水部分水资源的价值。

3.1.3 生态环境用水价值估计

由于水资源在生态环境上的使用具有的价值难以利用直接市场方法或替代市场的方法予以直接的评估，本研究将采用条件价值评估法（CVM）来对生态环境用水价值予以估计。这种方法主要是为了在不知道被调查者对环境用水偏好的情况下，估计出水资源环境价值。目前，条件价值评估法已经成为国外生态经济学和环境经济学领域中最重要而且也是应用最广泛的非市场物品价值衡量的重要方法之一，并在指导和辅助公共决策方面具有独特的作用。

CVM 作为一种实证研究方法具有其经济学理论的基础。其经济学原理是：个人对各种市场商品和环境舒适性具有消费偏好，对可选择的市场产品消费为 c，对不可选择的环境物品消费为 e，在一定收入 y 的限制下，最优化问题为：

$$\max u(c,e),$$

$$st. \sum p_i c_i \leqslant y \qquad (3\text{-}6)$$

这一最优问题求解之后可以得到对应的需求函数与间接效用函数：

$$c_i = D_i(p,e,y), i = 1,2,3,\cdots,n \qquad (3\text{-}7)$$

$$v_i(p,e,y) = u\{D(p,e,y),e\} \qquad (3\text{-}8)$$

在 p 与 y 不变的情况下，当环境服务产品从 e_0 变化到 e_1，效用会对应地从 $u_0 = v(p,e_0,y)$ 变化到 $u_0 = v(p,e_1,y)$。如果这一变化是一种改进，即 $e_1 > e_0$，$u_0 = v(p,e_0,y) \leqslant u_1 = v(p,e_1,y)$。效用的变化可以用收入变化来测量：$v(p,e_1,y-m) = v(p,e_0,y)$。这一式子中的补偿变化 m，是当环境物品从 e_0 变化到 e_1 时保持效用不变个人意愿支付的货币数量，也就是 CVM 调查中试图引导回答者个人的 WTP 或 WTA。

下面简要介绍将这一方法应用在水资源环境价值评估中的具体步骤。首先，确定目标人群，即希望得知哪些人对水资源环境价值的评价。选定目标人群后在这群人中进行随机抽样，可以得到我们进行调查的对象。然后，设计调查问卷中的问题，以保证可以得到受调查者较为准确的回应。问卷设计有多种方法，比如可以提出开放性的问题，直接询问对水资源生态价值的估计。另一种设计思路是重复报价，受访者被询问是否愿意为生态用水支付一定的价格（比如 P_{ta}），如果受访者回答愿意，那么继续提高价格直到受访者不愿意为止；如果受访者一开始不愿意接受 P_{ta}，那么一直降低价格直到其愿意为止。另一种方法是从低到高列出一系列数字让受访者选择最能够反映其对水生态价值评估的数值。对于 CVM 中可能出现的真实偏好与宣称偏好不符合的情况,可以通过合理设计问题而避免。最后,需要对收集到的数据进行统计分析。统计方法的选取与问卷中设计问题的格式相关,一般可以采用回归方法来估计支付意愿。

为科学准确地评估水资源转移的生态环境价值,本研究CVM问卷中对被调查者年龄、教育程度、收入水平、对所在地区水生态环境的满意程度和对水利水务部门信任程度等因素进行调查。根据 Sam Kayaga 等(2003)的研究,支付意愿WTP(或受偿意愿WTA)取决于被调查者的支付能力,而其支付能力(或受偿意愿)与被调查者年龄、教育程度、收入水平、对所在地区水生态环境的满意程度和对水利水务部门信任程度等因素有关。梁勇等人(2005)的研究也表明,家庭居民年平均收入、教育水平、对水环境现状的满意程度和对水务部门的信任程度等因素对改善水环境支付意愿有显著影响。因而,本研究选取年龄、性别、收入、受教育程度、对所在地区水生态环境的满意程度和对水利水务部门信任程度等因素作为自变量建立如下多元线性回归方程:

$$\ln WTP = \beta_0 + \beta_1(age) + \beta_2(gen) + \beta_3(\ln inc) + \beta_4(edu) + \beta_5(sat) + \beta_6(tru) \quad (3-9)$$

$$\ln WTA = \beta_0 + \beta_1(age) + \beta_2(gen) + \beta_3(\ln inc) + \beta_4(edu) + \beta_5(sat) + \beta_6(tru) \quad (3-10)$$

其中:$\ln WTP$ 为被调查者 WTP 的自然对数;$\ln WTA$ 为被调查者 WTA 的自然对数;β_0 为常数项;β_1、β_2、β_3、β_4、β_5 和 β_6 为所求的回归系数;age 表示年龄;gen 表示性别;$\ln inc$ 表示年收入的自然对数;edu 表示受教育程度;sat 对水环境现状的满意程度;tru 表示对水利水务部门的信任程度。

3.2 水资源增值模型

　　水资源跨区转移是水资源依据人类的需求加以利用的过程，其转移效果将会影响各区域的生产、生活和生态。水资源转移带来区域水资源供给和使用的变化，由于不同区域水资源用水效率及产生的用水价值不同，这就带来转移的水资源价值发生变化。另外，在各区域内部不同部门，水资源单位价值存在差别，水资源转移的涉及区域在生产、生活和生态用水比例不尽相同，这也会给转移的水资源价值带来变化。为衡量这两个方面（用水效率、用水结构）给水资源价值增值带来的影响，我们在上节三个部门水资源价值衡量计算的基础上，结合水资源跨区转移的规模和跨区转移的水资源在各区域的用水效率和用水结构，构建水资源跨区转移的价值增值总量模型，来计算水资源跨区转移所带来的水资源价值总量的变化。其中水资源跨区转移为各地区带来的总收益（不计水利工程成本及相应工程导致的各区产业损失等）为：

$$F_{ab} = Q_{ab} \left\{ \begin{bmatrix} \varepsilon_{1a} \\ \varepsilon_{2a} \\ \vdots \\ \varepsilon_{na} \end{bmatrix}^{-1} \begin{bmatrix} \nu_{1a} \\ \nu_{2a} \\ \vdots \\ \nu_{na} \end{bmatrix} - \begin{bmatrix} \varepsilon_{1b} \\ \varepsilon_{2b} \\ \vdots \\ \varepsilon_{nb} \end{bmatrix}^{-1} \begin{bmatrix} \nu_{1b} \\ \nu_{2b} \\ \vdots \\ \nu_{nb} \end{bmatrix} \right\} \quad (3-11)$$

　　水资源的跨区转移为各参与地区带来收益的同时，还需要各方进行水利工程投资，并且转移水资源可能会给相关区域的产业发展、居民生活和生态带来相应损失。因而水资源跨区转移为各地区带来的净收益为：

3 水资源跨区转移的增值分析

$$WV_{ab} = Q_{ab} \left\{ \begin{bmatrix} \varepsilon_{1a} \\ \varepsilon_{2a} \\ \vdots \\ \varepsilon_{na} \end{bmatrix}^{-1} \begin{bmatrix} \nu_{1a} \\ \nu_{2a} \\ \vdots \\ \nu_{na} \end{bmatrix} - \begin{bmatrix} \varepsilon_{1b} \\ \varepsilon_{2b} \\ \vdots \\ \varepsilon_{nb} \end{bmatrix}^{-1} \begin{bmatrix} \nu_{1b} \\ \nu_{2b} \\ \vdots \\ \nu_{nb} \end{bmatrix} \right\} - G(Q_{ab}) - T(Q_{ab})$$

(3-12)

其中：F_{ab} 表示水资源跨区转移所带来的价值增值净收益；WV_{ab} 表示水资源跨区转移所带来的价值增值净收益；Q_{ab} 为从输出地 b 向输入地 a 转移的水资源规模；ε_{na} 表示转移的水资源在输入地用于部门 n 的比例，ε_{nb} 表示转移的水资源在输出地用水结构中所占的比例；ν_{na} 表示转移的水资源在输入地为部门 n 所创造的边际水资源利用价值，ν_{nb} 表示转移的水资源在输出地为部门 n 所创造的边际水资源利用价值，ν 的取值均由各部门的价值模型确定；$G(Q_{ab})$ 为转移水资源而修建水利工程（节水工程和引水工程等）的投入，$T(Q_{ab})$ 为转移水资源给转移地区带来的经济损失。

3.3 小结

本章基于水资源价值理论和水资源价值评价方法，在研究中将区域用水部门划分为产业部门、居民生活用水部门和生态环境用水部门。其中，对产业部门采用"生产函数法"构建各产业部门的水资源利用的价值评估模型，对居民生活部门拟利用"机会成本法"构建该部门的水资源利用的价值评估模型，在生态环境部门采用条件价值评估法（CVM）构建生态环境价值评估模型。然后，我们再基于转移的水资源在各区域中用水效率和用水结构的不同，构建水资源跨区转移的价值增值总量模型，将生产、生活与生态用水产生的价值予以整合统一地衡量，来计算水资源跨区转移后的价值变化，即度量水资源跨区转移的价值增值。

4 水资源跨区转移利益补偿研究

在上一章，我们已经建立水资源增值模型来计算水资源跨区转移所带来的水资源价值总量的变化，即带来的水资源价值的增值。但是，这个水资源价值的增值往往由水资源使用者直接享有，而参与水资源转移的一些主体（如供给方）虽对水资源转移做出了贡献却往往难以得到水资源转移的增值收益，这对于其他水资源转移参与方（如供给方）是不公平的，因此需要水资源转移各参与主体进行协调分配水资源转移的增值收益，并对利益受损方（或未得到收益方）进行公平合理的利益补偿。由于水资源转移的增值收益分配和补偿涉及多个利益主体之间的利益诉求和经济关系，这便于利用博弈分析方法来分析。各利益主体的博弈结果将直接决定水资源跨区转移的价值增值在参与人之间的分配。因而本章我们将水资源跨区转移的价值增值纳入到水资源转移的合作博弈模型中，构建整合的水资源跨区转移利益分配与补偿模型，以研究确定水资源转移的增值在各利益主体之间的分配和相应的补偿。

4.1 利益补偿的必要性

当前，随着我国各地城市化和工业化进程的不断推进，水资源供需矛盾亦日益突出。为平衡各方利益分配，保障用水公平和水资源的使用效率,促进各地社会经济均衡发展以及水资源可持续利用,需要建立科学合理的水资源协调利用利益补偿机制。

当前,水资源相对短缺与供需矛盾和水资源区域转移与利益协调的矛盾,使得各级水资源管理部门亟需建立科学合理的水资源协调利用利益补偿机制。水资源的跨区域调配能够有效解决水资源时间空间分布不均、水资源分配地域性差异和区域供需矛盾等问题。但当前水资源跨区转移多半是通过行政命令强行实施,而这需要供水区域缩减其生产、生活、生态用水,这在一定程度上改变了水资源转移参与地区的用水利益主体的用水效率和用水权益(用水公平)。因此亟需建立相应的水资源转移及其利益补偿机制,由水资源转移获益的地区(或产业)给予水资源利用利益受损失地区(或产业)予以一定的经济补偿,以保障区域用水公平和水资源的使用效率。

水资源转移和协调利用能够提高水资源总体利用效率。水资源利用方式和利用目标的多样性导致不同用水主体用水效率存在较大差异。从水资源优化配置的角度来讲,适当地将水资源从较低利用效率的地方转移到较高利用效率的地方,既可以解决用水供需矛盾,又可以促进水资源的高效利用,提高水资源的配置效率,产生更大的经济效益。同时,水资源转移也给一些地区和个人带来经济损失和发展机会损失。如果忽视各方用水利益的协调,低偿甚至无偿调水,将会导致用水和排污增加,这既不利于用水总量的节约,也会损害水资源利用的公平。

"资源价值""环境价值"和"可持续发展"的理念已得到

社会公众的广泛认同。水资源作为一种自然资源和环境资源，不仅具有当代人可利用的经济和环境效益，而且具有未来及后代人所能享有的经济和环境效益。随着社会经济的发展和人民生活水平的提高，社会对水生态环境的质量要求不断提高，水资源对其使用者来说不仅有直接的经济价值，还能带来生态环境价值。水资源的转移使得水资源供给和使用需求区域的生态环境权益发生让渡，需要利益受益方对于利益受损方予以一定的利益补偿，才能使得水资源转移可持续地顺利进行。

为保障水资源持续利用和保护流域生态环境，现有的办法比较多的是采用单纯的行政指令或直接的管制策略，对于一些水源地生态功能区或上游地区做出了诸多生产生活方面的限制，却没有予以必要的利益补偿和经济激励，带来地区之间和城乡之间水资源权益的不均衡和不公平。建立和完善水资源协调利用和利益补偿长效机制，水资源转移各参与主体进行协调分配水资源转移的增值收益，并对利益受损方（或未得到收益方）进行公平合理的利益补偿，对水资源和水生态环境保护行为进行科学合理的利益补偿，将有利于各地社会、经济以及生态环境的协调和可持续发展。

4.2 水资源转移利益增值分配

4.2.1 博弈理论分析

博弈论（Game Theory），又称对策论，被认为是新制度经济学重要的基本理论和分析工具之一。它是研究不同的主体在"策略相互依存"情形下相互作用的科学。博弈论被公认为是研究不同参与主体的决策互相影响的最佳数学工具。在博弈模型里，每个参与决策的主体的收益不仅取决于它自身的决策行动，而且也取决于其他人的决策行动，个人所采取的最优策略取决于他对其他参与者所采取的决策（策略）的预期。一个最基本的博弈结构至少包括三个基本要素：局中人、策略空间和收益结构。博弈论假定一个博弈中决策参与主体（称为局中人）是理性而明智的；每个参与的局中人在给定的信息条件下，可独立选择行动规则（策略空间），不受其他局中人的任何胁迫。在一个典型的博弈收益结构中，某个局中人所得收益与他自己的策略及其他局中人的策略相关。也就是说，参与博弈的局中人他们之间的利益是相互制约相互影响的，任何一个局中人改变自己的策略都将影响收益结构，影响所有局中人的收益。博弈论假定参与博弈的局中人都追求自己的收益最大化，来考察这些理性主体在博弈中的策略选择。某个博弈的"解"就是博弈最终最有可能出现的结果，称为"均衡"（魏蛟龙，2004）。

在很多关于自然资源分配和协调利用的问题中，博弈论得到了广泛的应用。基于博弈参与中参与者能否达成能够约束各方的协议，博弈可分为合作博弈和非合作博弈。这两种博弈的差异在于它们如何对参与者之间的相互关系进行理论上的刻画。在非合作博弈中，每个参与者都独立选择行为，局中人不能达成有约束力的协议。但在合作博弈中，局中人能达成有约束力的协议而只考虑参与者一起做决策带来的不同结果组合。最基本的"囚徒困境"可以用来解释很多问题。各个参与者的占优策略是不进行合作，但得到的均衡结果不是帕累托有效的,即在不损害一方利益的情况下可以使得另一方的福利得到提升。虽然合作得到的均衡结果是有效的,但是在没有外部干预的情况下是很难得到合作均衡的。而各方如果选择合作,则可能导致总体利益最大化。

近年来,博弈论广泛应用于水资源管理问题的研究。傅春、胡振鹏(2000)采用多人合作博弈的方法,来研究解决如何分摊水利工程中公共部分费用的问题;周玉玺(2002)在研究小流域灌溉组织制度中,采用长期合作动态博弈方法,比较分析了政府集权制、完全市场组织和农民自主协商这三种灌溉组织制度;刘文强等(2002)利用博弈分析方法解释了不同管理模式下流域水资源配置所导致的用水矛盾问题;孔珂(2006)利用博弈分析比较了水资源调水中三种补偿实施方式(行政调配、市场交易和流域协商)的有效性,等等。这些研究都说明了博弈论作为一种分析工具能够很好地用于在水资源管理和协调的研究。

在解决水资源分配和利益分配问题上,非合作博弈与合作博弈所描述的情形都有可能出现。在非合作博弈的情形下,每个地区单独行动,只考虑自己在水资源上的利益最大化,各方没有共同的利益只在乎自身的利益,研究重点在均衡策略。而合作博弈的情形下,每个参与者都会有收益至少不会损失,加入合作联盟的参与者有共同的利益,研究重点在如何进行利益分配。在诸如水资源这样的公共资源使用和配置中,由于水资源利用的外部性往往会导致市场机制的失灵,因而常常需要政府部门参与其利用配置和利益分配。在关于水资源水利设施分配和水资源利益分配补偿的问题上,不同地区之间既存在着共同利益,也有着利益的冲突。共同利益在于使用同一水资源的各方都希望可持续地发展,水源不受到污染损坏,否则会使所有人都受损。利益冲突可以理解为参与各方对于达成一项协议存在共同的利益,但是关于利益分配的条款存在着争议,目标上有一定的分歧。使用水资源的不同地区、不同产业的利益矛盾在于,他们希望自己地区、自己产业有高经济产出,不会顾全大局考虑其他地区或其他部门。因此,在水资源利用的问题上的共同利益与利益冲突,使得使用水资源的各方参与在相互合作的基础上也会讨价还价以最大化自己所在地区与所处产业的收益。下面的分析中,我们主要采用合作博弈的思路来分析。因此,我们采用合作博弈的分析思路来研究在水资源跨区域转移中,各个利益主体之间应当如何合作,对水资源进行分配并对相应利益主体进行补偿。

为了使得分析更加简单清楚,我们在此假设水资源跨区域转移与利益补偿的问题发生在两个地区之间。假设这两个地区为 A 和 B,在水资源跨区域转移之前,每年可以利用的水量分别为 W_A 和 W_B,两个地区的效用函数是拟线性的,可以表示为:

$$u_i(W_{i1}, W_{i2}, W_{i3}, y_i) = u_i(W_{i1}, W_{i2}, W_{i3}) + y_i, i = A, B$$

(4-1)

其中 W_{i1}, W_{i2}, W_{i3} 表示生产用水、生活用水与生态用水。y 表示其他物品为某地区带来的效用。

各地区的水资源的约束条件表示为:

$$W_{i1} + W_{i2} + W_{i3} = W_i, i = A, B \qquad (4-2)$$

4 水资源跨区转移利益补偿研究

在水资源跨区转移前,两个地区的各自的效用可以表示为:

$$u_i = u_i(\overline{W_{i1}}, \overline{W_{i2}}, \overline{W_{i3}}, \overline{y_i}), i = A, B \tag{4-3}$$

两个地区的总效用为:

$$u_A + u_B = u_A(\overline{W_{A1}}, \overline{W_{A2}}, \overline{W_{A3}}, \overline{y}) + u_B(\overline{W_{B1}}, \overline{W_{B2}}, \overline{W_{B3}}, \overline{y}) \tag{4-4}$$

假设水资源从 A 地区向 B 地区转移。在水资源跨区域转移发生后,将两个地区各部门水资源分配标记为:$W_{A1}^*, W_{A2}^*, W_{A3}^*, W_{B1}^*, W_{B2}^*, W_{B3}^*$,并且满足新的约束条件:

$$W_{A1}^* + W_{A2}^* + W_{A3}^* + W_{B1}^* + W_{B2}^* + W_{B3}^* = W_A + W_B \tag{4-5}$$

那么水资源的转移数量可以表示为:

$$\Delta W = W_{B1}^* + W_{B2}^* + W_{B3}^* - \overline{W_{B1}} - \overline{W_{B2}} - \overline{W_{B3}}$$
$$= \overline{W_{A1}} + \overline{W_{A2}} + \overline{W_{A3}} - W_{A1}^* - W_{A2}^* - W_{A3}^* \tag{4-6}$$

但是水资源跨区域转移发生的条件是双方在这一合作中都会获利,即 B 地区在获得更多水资源同时,需要向 A 地区进行利益补偿,并且在利益补偿之后,B 地区的效用依然高于水资源跨区域转移之前,A 地区接受利益补偿后的效应也高于原来水资源转移前的效用。也就是说,跨区域水资源转移之后两个区域的总效用要高于跨区域转移之前两个地区的总效用:

$$U_A(W_{A1}^*, W_{A2}^*, W_{A3}^*, y_A^*) + U_B(W_{B1}^*, W_{B2}^*, W_{B3}^*, y_B^*) - U_A(\overline{W_{A1}}, \overline{W_{A2}}, \overline{W_{A3}}, \overline{y_A}) - U_B(\overline{W_{B1}}, \overline{W_{B2}}, \overline{W_{B3}}, \overline{y_B}) \geqslant 0 \tag{4-7}$$

而两个地区参与到跨区域水资源转移的参与条件是:

$$U_A(W_{A1}^*,W_{A2}^*,W_{A3}^*,y_A^*) = u_A(W_{A1}^*,W_{A2}^*,W_{A3}^*,y_A^*) + y_A^* \geqslant$$
$$u_A(\overline{W_{A1}},\overline{W_{A2}},\overline{W_{A3}}) + \overline{y_A} \quad (4\text{-}8)$$

即 B 地区向 A 地区的利益补偿转移的数额应当满足：

$$y_A^* - \overline{y_A} \geqslant u_A(\overline{W_{A1}},\overline{W_{A2}},\overline{W_{A3}}) - u_A(W_{A1}^*,W_{A2}^*,W_{A3}^*)$$
$$(4\text{-}9)$$

对地区 B 而言，合作需要满足的参与约束为：

$$U_B(W_{B1}^*,W_{B2}^*,W_{B3}^*,y_B^*) = u_B(W_{B1}^*,W_{B2}^*,W_{B3}^*) + y_B^* \geqslant$$
$$u_B(\overline{W_{B1}},\overline{W_{B2}},\overline{W_{B3}}) + \overline{y_B} \quad (4\text{-}10)$$

其中，$u_B(W_{B1}^*,W_{B2}^*,W_{B3}^*) \geqslant u_B(\overline{W_{B1}},\overline{W_{B2}},\overline{W_{B3}})$，$y_B^* \leqslant \overline{y_B}$

然后需要解决的下一个问题是参与各方应当如何分配水资源跨区域调配产生的额外利益。在上面的模型中，通过计算可以得出了这一额外收益的数量应当为：

$$U_A(W_{A1}^*,W_{A2}^*,W_{A3}^*,y_A^*) + U_B(W_{B1}^*,W_{B2}^*,W_{B3}^*,y_B^*) -$$
$$U_A(\overline{W_{A1}},\overline{W_{A2}},\overline{W_{A3}},\overline{y_A}) - U_B(\overline{W_{B1}},\overline{W_{B2}},\overline{W_{B3}},\overline{y_B}) \geqslant 0$$
$$(4\text{-}11)$$

4.2.2 沙普利值法

基于目前我国的水资源管理体制"国家对水资源实行流域管理与行政区域管理相结合的管理体制"，水资源的转移及其转移后的增值分配需要参与各方的合作才能顺利完成，尤其需要各区域的各级公共管理部门（水行政管理机关）进行合作博弈才能完成。合作博弈理论上的重大突破性发展起源于美国加州大学洛杉矶分校教授罗伊德·沙普利（Lloyd S. Shapley）提出的博弈解及其公理化的刻画，现在被称为沙普利值或

Shapley 值（Shapley，1953）。Shapley 值被认为是一种"稳定分配理论和市场设计实践"。罗伊德·沙普利本人也因此获得 2012 年诺贝尔经济学奖。Shapley 对主观的"公平"和"合理"等概念予以严格的公理化描述，然后寻求是否有满足参与主体需要的那些公理的解（陈思源，2011）。Shapley 值法是用于解决多个主体进行合作对策的一种博弈分析方法。Shapley 值法以每个合作主体对其合作联盟的贡献度来反映各个成员在合作中的重要性，并基于此在各合作主体之间进行合作收益的分配，其最大优点在于其原理和结果易于被各个合作主体视为公平，结果易于被各方接受。"公平"而"合理"地进行利益分配是建立稳定持久水资源跨区转移增值分配机制的保障，而 Shapley 值法正符合这一要求。因此，本研究我们即利用合作博弈的 Shapley 值法来分析如何对水资源跨区转移的增值收益进行公平、合理、有效的分配。

假设合作博弈有 n 个参与者 $N=\{1,2,3,\cdots,n\}$。其中，$i\in N$ 是单个的参与者，$S\subseteq N$ 是全体参与者的一个子集。当 S 集合中的参与者进行合作时，S 被称为一个联盟。当我们对所有人进行划分，可以得到 $\pi=\{S_1,S_2,\cdots,S_m\}$，$\cup_1^m S_i=N$，$S_i\cap S_j=\phi$。当有 n 个人参与时，有 $2n$ 种可能的联盟划分。我们用 $v(S)$ 表示当存在参与者合作时，联盟 S 所获得的收益。当每个参与者单独行动时，也即联盟中人数为 1 时，参与者获得的收益为 $v(\{1\}),v(\{2\}),\cdots,v(\{n\})$。$v$ 也被称之为特征函数，它满足如下一些性质：

(1) $v(\phi)=0$ (4-12)

(2) $v(S\cup T)\geqslant v(S)+v(T)\geqslant 0$ (4-13)

即当两个子集联合起来时获得的收益要比两个子集分开获得的收益总和更多。

(3) $S \in T \Rightarrow v(S) \leqslant v(T)$ (4-14)

即联盟规模越大,联盟获得的总收益越大。

假设 M_i 为 S 中每个参与者都能从合作中获得的收益,那么参与者合作需要满足下面的条件:

$$\sum_{i=1}^{n} M_i = v(T) \tag{4-15}$$

$$B_i \geqslant v(i), i = 1, 2, \cdots, n \tag{4-16}$$

即成员从合作中获得的收益要大于自己行动时获得的收益。

Sharpley 值给出了在这一合作博弈的解:

$$M_i = \sum_{S \in N} \frac{(n-|S|)!(|S|-1)!}{n!} [v(S \cup \{i\}) - v(S)]$$

(4-17)

这个表达式的后半部分 $[v(S \cup \{i\}) - v(S)]$ 表示由于参与者 i 的加入为合作整体联盟带来的收益,前面的一项 $\frac{(n-|S|)!(|S|-1)!}{n!}$ 是加权项,设

$$\omega(t) = \frac{(n-|S|)!(|S|-1)!}{n!} \tag{4-18}$$

其中 |S| 表示子集 S 元素数目。

在给定了 Shapley 分配方法的基础上,还需要对参与合作主体与参与者能够带来的收益进行分析。由于本研究涉及了区域内的生产用水、生活用水和生态用水部门,因此我们从每个区域的部门层面来考虑水资源跨区域转移产生的增值

应当如何分配。假设合作博弈的参与者为水资源移出 A 地区的生产用水部门、生活用水部门和生态用水部门和 B 地区的生产用水部门、生活用水部门和生态用水部门,将四个参与者标记为 1,2,3,4,5,6。当 A 地区三个部门向 B 地区进行的水资源转移分别为 $\Delta w_1, \Delta w_2, \Delta w_3$,并且 $\Delta w_1 + \Delta w_2 + \Delta w_3 = \Delta W$。B 地区三个部门接收到的水资源转移分别为 $\Delta w_4, \Delta w_5, \Delta w_6$,并且 $\Delta w_4 + \Delta w_5 + \Delta w_6 = \Delta W$。通过前面对水资源在各部门价值的分析,可以求出给定水资源规模情形下,水资源转移所带来的收益。在此将水资源在 A 地区的三个部门与 B 地区的三个部门带来的价值用效用函数来表示:$u_{A1}(\Delta w_1), u_{A2}(\Delta w_2), u_{A3}(\Delta w_3), u_{B1}(\Delta w_4), u_{B2}(\Delta w_5), u_{B3}(\Delta w_6)$。此外,由于在计算一个部门利益分配的过程中需要列举出这一部门其他部门所能构成的所有子集,本研究在计算 A 地区三个部门利益分配过程中将 B 地区三个部门看作一个整体,在计算 B 地区三个部门利益分配过程中,将 A 地区看作一个整体,定义两个层面的效用函数 $u_A(\cdot), u_B(\cdot)$。所有参与者都参与水资源跨区域转移情形下,这一合作带来的净收益为:

$$V = u_{B1}(\Delta w_4) + u_{B2}(\Delta w_5) + u_{B3}(\Delta w_6) - u_{A1}(\Delta w_1) - u_{A2}(\Delta w_2) - u_{A3}(\Delta w_3) \tag{4-19}$$

此外,要利用 Shapley Value 来计算参与方 i 得到的利益分配,我们还需要知道当 i 参与和不参与合作情形下总收益差及其权重。下面我们对每个参与者收益分配进行分析求解。其中参与者 1(A 地区产业用水部门)的收益分配计算如表 4-1 所示:

表 4-1　参与者 1（A 地区产业生产用水部门）的收益分配计算

S	S−{1}	$v(S)$	$v(S-\{1\})$	$\omega(T)$
{A1, A2, A3, B}	{2, 3, B}	V	$u_B(\Delta w_2+\Delta w_3)-u_{A2}(\Delta w_2)-u_{A3}(\Delta w_3)$	1/4
{1, 3, B}	{3, B}	$u_B(\Delta w_1+\Delta w_3)-u_{A1}(\Delta w_1)-u_{A3}(\Delta w_3)$	$u_B(\Delta w_3)-u_{A3}(\Delta w_3)$	1/12
{1, 2, B}	{2, B}	$u_B(\Delta w_1+\Delta w_2)-u_{A1}(\Delta w_1)-u_{A2}(\Delta w_2)$	$u_B(\Delta w_2)-u_{A2}(\Delta w_2)$	1/12
{1, B}	{B}	$u_B(\Delta w_1)-u_{A1}(\Delta w_1)$	0	1/12

根据表 4-1 计算过程与结果，可以计算出 A 地区产业生产用水部门由水资源转移增值中可以得到的利益分配：

$$\begin{aligned}M_1 =& \frac{1}{4}\times\{V-[u_B\Delta w_2+\Delta w_3)-u_{A2}(\Delta w_2)-\\&u_{A3}(\Delta w_3)]\}+\frac{1}{12}\times\{u_B(\Delta w_1+\Delta w_3)-\\&u_{A1}(\Delta w_1)-u_{A3}(\Delta w_3)-[u_B(\Delta w_3)-\\&u_{A3}(\Delta w_3)]\}+\frac{1}{12}\times\{u_B(\Delta w_1+\Delta w_2)-\\&u_{A1}(\Delta w_1)-u_{A2}(\Delta w_2)-[(u_B(\Delta w_2)-\\&u_{A2}(\Delta w_2)]\}+\frac{1}{12}\times[u_B(\Delta w_1)-u_{A1}(\Delta w_1)]\end{aligned}$$

(4-20)

其中参与者 2（A 地区居民生活用水部门）的收益分配计算如表 4-2 所示：

4 水资源跨区转移利益补偿研究

表 4-2 参与者 2（A 地区居民生活用水部门）的收益分配计算

S	S−{2}	$v(S)$	$v(S-\{2\})$	$\omega(T)$
{1, 2, 3, B}	{1, 3, B}	V	$u_B(\Delta w_1 + \Delta w_3) - u_{A1}(\Delta w_1) - u_{A3}(\Delta w_3)$	1/4
{2, 3, B}	{3, B}	$u_B(\Delta w_2 + \Delta w_3) - u_{A2}(\Delta w_2) - u_{A3}(\Delta w_3)$	$u_B(\Delta w_3) - u_{A3}(\Delta w_3)$	1/12
{1, 2, B}	{1, B}	$u_B(\Delta w_1 + \Delta w_2) - u_{A1}(\Delta w_1) - u_{A2}(\Delta w_2)$	$u_B(\Delta w_1) - u_{A1}(\Delta w_1)$	1/12
{2, B}	{B}	$u_B(\Delta w_2) - u_{A2}(\Delta w_2)$	0	1/12

根据表 4-2 计算过程与结果，可以计算出 A 地区居民生活用水部门由水资源转移增值中可以得到的利益分配：

$$M_2 = \frac{1}{4} \times \{V - [u_B(\Delta w_1 + \Delta w_3) - u_{A1}(\Delta w_1) - u_{A3}(\Delta w_3)]\} + \frac{1}{12} \times \{u_B(\Delta w_2 + \Delta w_3) - u_{A2}(\Delta w_2) - u_{A3}(\Delta w_3) - [u_B(\Delta w_3) - u_{A3}(\Delta w_3)]\} + \frac{1}{12} \times \{u_B(\Delta w_1 + \Delta w_2) - u_{A1}(\Delta w_1) - u_{A2}(\Delta w_2) - [u_B(\Delta w_1) - u_{A2}(\Delta w_1)]\} + \frac{1}{12} \times [u_B(\Delta w_2) - u_{A2}(\Delta w_2)]$$

(4-21)

其中参与者 3（A 地区生态环境用水部门）的收益分配计算如表 4-3 所示：

表 4-3　参与者 3（A 地区生态环境用水部门）的收益分配计算

S	S−{3}	$v(S)$	$v(S-\{3\})$	$\omega(T)$
{1, 2, 3, B}	{1, 2, B}	V	$u_B(\Delta w_1 + \Delta w_3) - u_{A1}(\Delta w_1) - u_{A2}(\Delta w_2)$	1/4
{2, 3, B}	{2, B}	$u_B(\Delta w_2 + \Delta w_3) - u_{A2}(\Delta w_2) - u_{A3}(\Delta w_3)$	$u_B(\Delta w_3) - u_{A2}(\Delta w_2)$	1/12
{1, 3, B}	{1, B}	$u_B(\Delta w_1 + \Delta w_2) - u_{A1}(\Delta w_1) - u_{A3}(\Delta w_3)$	$u_B(\Delta w_1) - u_{A1}(\Delta w_1)$	1/12
{3, B}	{B}	$u_B(\Delta w_3) - u_{A2}(\Delta w_3)$	0	1/12

根据表 4-3 计算过程与结果，可以计算出 A 地区生态环境用水部门由水资源转移增值中可以得到的利益分配：

$$M_3 = \frac{1}{4} \times \{V - [u_B(\Delta w_1 + \Delta w_2) - u_{A1}(\Delta w_1) - u_{A2}(\Delta w_2)]\} + \frac{1}{12} \times \{u_B(\Delta w_2 + \Delta w_3) - u_{A2}(\Delta w_2) - u_{A3}(\Delta w_3) - [u_B(\Delta w_2) - u_{A2}(\Delta w_2)]\} + \frac{1}{12} \times \{u_B(\Delta w_1 + \Delta w_3) - u_{A1}(\Delta w_1) - u_{A3}(\Delta w_3) - [u_B(\Delta w_1) - u_{A1}(\Delta w_1)]\} + \frac{1}{12} \times [u_B(\Delta w_3) - u_{A3}(\Delta w_3)]$$

(4-22)

其中参与者 4（B 地区产业生产用水部门）的收益分配计算如表 4-4 所示：

4 水资源跨区转移利益补偿研究

表 4-4 参与者 4（B 地区产业生产用水部门）的收益分配计算

S	S－{4}	v（S）	v（S－{4}）	ω（T）
{4, 5, 6, A}	{5, 6, A}	V	$u_{B2}(\Delta w_5)+u_{B3}(\Delta w_6)-u_A(\Delta w_5+\Delta w_6)$	1/4
{4, 6, A}	{6, A}	$u_{B1}(\Delta w_4)+u_{B3}(\Delta w_6)-u_A(\Delta w_4+\Delta w_6)$	$u_{B3}(\Delta w_6)-u_A(\Delta w_6)$	1/12
{4, 5, A}	{5, A}	$u_{B1}(\Delta w_4)+u_{B2}(\Delta w_5)-u_A(\Delta w_4+\Delta w_5)$	$u_{B2}(\Delta w_5)-u_A(\Delta w_5)$	1/12
{4, A}	{A}	$u_{B1}(\Delta w_4)-u_A(\Delta w_4)$	0	1/12

根据表 4-4 计算过程与结果，可以计算出 B 地区产业生产用水部门由水资源转移增值中可以得到的利益分配：

$$M_4 = \frac{1}{4}\times\{V-[u_{B2}(\Delta w_5)+u_{B3}(\Delta w_6)-u_A(\Delta w_5+\Delta w_6)]\}+\frac{1}{12}\times\{u_{B1}(\Delta w_4)+u_{B3}(\Delta w_6)-u_A(\Delta w_4+\Delta w_6)-[u_{B3}(\Delta w_6)-u_A(\Delta w_6)]\}+\frac{1}{12}\times\{u_{B1}(\Delta w_4)+u_{B2}(\Delta w_5)-u_A(\Delta w_4+\Delta w_5)-[u_{B2}(\Delta w_5)-u_A(\Delta w_5)]\}+\frac{1}{12}\times[u_{B1}(\Delta w_4)-u_A(\Delta w_4)] \quad (4-23)$$

其中参与者 5（B 地区居民生活用水部门）的收益分配计算如表 4-5 所示：

表 4-5 参与者 5（B 地区居民生活用水部门）的收益分配计算

S	S−{5}	$v(S)$	$v(S-\{5\})$	$\omega(T)$
{4, 5, 6, A}	{4, 6, A}	V	$u_{B1}(\Delta w_4)+u_{B3}(\Delta w_6)-u_A(\Delta w_4+\Delta w_6)$	1/4
{5, 6, A}	{6, A}	$u_{B2}(\Delta w_5)+u_{B3}(\Delta w_6)-u_A(\Delta w_5+\Delta w_6)$	$u_{B3}(\Delta w_6)-u_A(\Delta w_6)$	1/12
{4, 5, A}	{4, A}	$u_{B1}(\Delta w_4)+u_{B2}(\Delta w_5)-u_A(\Delta w_4+\Delta w_5)$	$u_{B2}(\Delta w_5)-u_A(\Delta w_5)$	1/12
{5, A}	{A}	$u_{B2}(\Delta w_5)-u_A(\Delta w_5)$	0	1/12

根据表 4-5 计算过程与结果，可以计算出 B 地区居民生活用水部门由水资源转移增值中可以得到的利益分配：

$$M_5 = \frac{1}{4} \times \{V-[u_{B1}(\Delta w_4)+u_{B3}(\Delta w_6)-u_A(\Delta w_4+\Delta w_6)]\} + \frac{1}{12} \times \{u_{B2}(\Delta w_5)+u_{B3}(\Delta w_6)-u_A(\Delta w_5+\Delta w_6)-[u_{B3}(\Delta w_6)-u_A(\Delta w_6)]\} + \frac{1}{12} \times \{u_{B1}(\Delta w_4)+u_{B2}(\Delta w_5)-u_A(\Delta w_4+\Delta w_5)-[u_{B2}(\Delta w_5)-u_A(\Delta w_5)]\} + \frac{1}{12} \times [u_{B2}(\Delta w_5)-u_A(\Delta w_5)] \quad (4-24)$$

其中参与者 6（A 地区生态环境用水部门）的收益分配计算如表 4-6 所示：

4 水资源跨区转移利益补偿研究

表 4-6 参与者 6（B 地区生态环境用水部门）的收益分配计算

S	S−{6}	$v(S)$	$v(S−\{6\})$	$\omega(T)$
{4,5,6,A}	{4,5,A}	V	$u_{B1}(\Delta w_4)+u_{B2}(\Delta w_5)−u_A(\Delta w_4+\Delta w_5)$	1/4
{5,6,A}	{5,A}	$u_{B2}(\Delta w_5)+u_{B3}(\Delta w_6)−u_A(\Delta w_5+\Delta w_6)$	$u_{B2}(\Delta w_5)−u_A(\Delta w_5)$	1/12
{4,6,A}	{4,A}	$u_{B1}(\Delta w_4)+u_{B3}(\Delta w_6)−u_A(\Delta w_4+\Delta w_6)$	$u_{B1}(\Delta w_4)−u_A(\Delta w_4)$	1/12
{6,A}	{A}	$u_{B3}(\Delta w_6)−u_A(\Delta w_6)$	0	1/12

根据表 4-6 计算过程与结果，可以计算出 B 地区生态环境用水部门由水资源转移增值中可以得到的利益分配：

$$M_6 = \frac{1}{4} \times \{V − [u_{B1}(\Delta w_4) + u_{B2}(\Delta w_5) − u_A(\Delta w_4 + \Delta w_5)]\} + \frac{1}{12} \times \{u_{B2}(\Delta w_5) + u_{B3}(\Delta w_6) − u_A(\Delta w_5 + \Delta w_6) − [u_{B2}(\Delta w_5) − u_A(\Delta w_5)]\} + \frac{1}{12} \times \{u_{B1}(\Delta w_4) + u_{B3}(\Delta w_6) − u_A(\Delta w_4 + \Delta w_6) − [u_{B1}(\Delta w_4) − u_A(\Delta w_4)]\} + \frac{1}{12} \times [u_{B3}(\Delta w_6) − u_A(\Delta w_6)] \quad (4-25)$$

4.3 利益补偿额度计算

在水资源转移各参与主体利益分配的基础上建立水资源跨区转移利益补偿模型。由于水资源跨区转移中各个参与主体在水资源转移利用后，实际收益与其应得利益并不一致，因而参与主体之间应该进行水资源转移利用的收益的补偿，各参与主体应该得到的补偿额度 Z_i 等于其应得净收益减去实际净收益，即

$$Z_i = V_i - [F_{Ii} - G_i - T_i] \tag{4-26}$$

其中 V_i 为参与主体分配到的利益；G_i 和 T_i 分别为水资源转移中各参与主体的投入分摊以及生产、生活、生态上的收益损失。

4.4 小结

本章主要研究了水资源跨区转移所带来的价值增值如何在各参与主体之间分配及其所带来的补偿问题，并构建了相应的水资源跨区转移利益分配与补偿模型。本章采用合作博弈的 Shapley 值法来对水资源转移的增值进行分配，这样能够使得合作收益在水资源转移各参与方之间公平合理分配，为建立稳定持久水资源跨区转移的增值分配机制提供保障。基于各个主体现实所得利益分配与应受益不匹配的实际，确定各参与主体在水资源跨区转移中应该得到的补偿额度的计算方法。

5 案例研究

本章将选取跨区域水资源转移的典型案例,来考查跨区域水资源转移利用的现实情况及问题,并利用本研究所构建的水资源跨区转移价值增值模型及水资源跨区转移利益分配与补偿模型,来量化实证跨区域水资源转移利益补偿分配与补偿额度。

5.1 诸暨陈石灌区案例

5.1.1 陈石灌区水资源利用及管理状况

浙江省诸暨市陈石灌区成立于 1987 年,承担着诸暨市六个乡镇和三个街道的灌溉和用水保障任务。近年来,随着诸暨市社会经济的发展和工业化进程的推进,工业用水需求不断增加,灌溉用水不断受到工业用水的挤占,灌溉受益田亩逐年缩减。与此同时,为保障农业用水需求并满足工业用水增加的需要,陈石灌区不断增加节水工程投入进行农业节水。为缓解用水矛盾,维护社会稳定,诸暨市人民政府出台了《陈石灌区城镇供水补偿农业节水资金使用和管理规定》,并建立了陈石灌区城镇供水补偿农业节水补偿资金。节水补偿资金从收取的自来水费和原水费中提取,其中从缴入市财政的源水费中提取 0.015 元/吨,从市水务集团收取的自来水费中提取 0.005 元/吨。2006 年,诸暨市政府投资 2.3 亿元的陈蔡水库引水工程竣工。2007年，诸暨市水务集团从陈石灌区水源地陈蔡水库引水3 700万吨，陈石灌区管委会共获得诸暨市政府和水务集团支付的转移用水补偿资金74万元，该补偿资金全部用于灌区的节水灌溉工程建设和管护。

为进行水资源转移，陈石灌区节水工程累计建设改造投入8 641万元，其中灌区投入1 123.68万元，诸暨市政府投入7 517.32万元，每年转移用水约792万吨，政府进行输送管线投入4 923万元。灌区中由于节水工程的实施导致用水减少，也直接导致其收益的下降。因农业节水工程投入且灌溉用水受到较大影响的上游地区农民一直未得到直接的经济补偿，农民人均年收入远低于其他受益地区。2007年，位于灌区上游的东白湖镇和陈宅镇是陈石灌区受益乡镇（街道）中农民人均年收入最低的两个乡镇，农民人均年收入分别为6 846元和7 355元，远低于诸暨市农民人均年收入10 289元。而与此同时陈石灌区管理委员会财务状况一直处于亏损状态，2007年度灌区管委会年亏损额更是达到32.58万元。

陈石灌区所实施的水利和水资源补偿机制为水资源的转移利用的利益补偿机制做出了有益的探索。但从补偿标准的计算方法上，缺乏足够的科学性和合理性，仅考虑了对水资源使用的付费和少量的工程性投入补偿，而没有充分考虑到水资源转移的合作收益分配的合理性、资源利用的社会公正性以及区域发展的均衡性。

5.1.2 水资源转移增值计算

在本例中，水资源输出的地区为陈石灌区（地域覆盖东白

5 案例研究

湖镇、浬浦镇、陈宅镇、璜山镇、街亭镇、王家井镇七个乡镇和暨阳街道、陶朱街道、浣东街道三个街道),水资源接受地区为诸暨城区。假设受水区与供水区之间水资源转移总量每年基本不变,保持为792万吨。

水资源跨区域转移的增值可能来源于两个渠道:①受水区与供水区水资源具有的经济价值不同,比如当受水区工业用水价值有更高的产出时,水资源在受水区工业的使用可以使水资源产生增值;②受水区与供水区水资源使用结构不同,如供水区将更大一部分水资源使用在水资源价值较低的用途,而受水区使用在水资源价值高的用途上的水资源更多。Hua Wang、Somik Lall(2002)的研究中对水资源在工业中的边际产出进行了实证研究。在这一研究中,水资源与资本、劳动力原材料等作为生产要素引入生产函数中,采用柯布-道格拉斯生产函数估算了水资源价格的需求弹性,进而估算水资源的边际产出。笔者利用1993—2000年企业层面数据对中国的多个工业产业中水资源的边际产出进行了估算,计量结果显示,中国工业生产中水资源的平均产出大约为2.45元/吨。不同工业产业中水资源边际产出差别也较大,如在运输业中水资源边际产出高达26.8元/吨,但在能源业中仅为0.05元/立方米。因为水资源转移利用的总投入难以在各产业部门(农业、工业和服务业)之间进行准确的分解,且为计算简便清晰,我们在研究中将工业、农业和服务业统一到产业部门,来计算产业部门中的水资源利用价值。

根据2003—2014年诸暨城区的GDP产值、固定资产投资、从业人员人数等基础数据,利用3.1节公式(3-2),计算出诸暨城区水资源生产函数如下：

$$\ln Y = 0.998 + 0.072t + 0.532\ln K + 0.337\ln L + 0.091\ln W$$
(5-1)

$$Y = 2.714 e^{0.072t} K^{0.532} L^{0.337} W^{0.091}$$ (5-2)

其中：Y 为该区域内国民生产总值；t 表示时间；K 表示固定资产投资；L 表示劳动力投入；W 表示水资源使用量（用水量）。

根据上述所计算的生产函数可以看出，诸暨城区水资源使用量每增加 1%，国民生产总值可增加 0.091%。以 2012 年为例，可算出诸暨城区用水量增加 5.77×10^6 吨（1%）将增加国民生产总值 5.934×10^7 元（0.091%），利用公式（3-3）$\rho = \dfrac{\partial Y}{\partial W} = \dfrac{\partial \ln Y}{\partial \ln W} \times \dfrac{Y}{W} = \sigma \dfrac{Y}{W}$ 来计算水资源的价值，可得诸暨城区单方水的经济效益为 10.28 元/立方米。

根据 2003—2014 年诸暨陈石灌区的国民生产总值、固定资产投资、从业人员等基础数据，利用 3.1 节公式（3-2），计算出诸暨陈石灌区水资源生产函数如下：

$$\ln Y = 0.168 + 0.093t + 0.349\ln K + 0.508\ln L + 0.143\ln W$$
(5-3)

$$Y = 1.183 e^{0.093t} K^{0.349} L^{0.349} W^{0.143}$$ (5-4)

其中：Y 为该区域内国民生产总值；t 表示时间；K 表示固定资产投资；L 表示劳动力投入；W 表示水资源使用量（用水量）。

根据上述所计算的生产函数可以看出，诸暨陈石灌区水资源使用量每增加 1%，国民生产总值可增加 0.143%。以 2012

年为例，可算出诸暨陈石灌区用水量增加 7.08×10^6 吨（1%）将增加国民生产总值 2.230×10^7 元（0.143%），利用公式（3-3）来计算水资源的价值，可得诸暨陈石灌区单方水的经济效益为 3.15 元/立方米。

对于居民用水部门来说，诸暨城区居民用水价值根据公式（3-5）计算，即供水用水水价为 2 元/吨。诸暨陈石灌区中其中三个街道（暨阳、陶朱与浣东）使用城市供水系统，基础水价为 2 元/吨，其他采用乡镇集中供水工程，基础水价为 1.8 元/吨。我们以人口平均来计算灌区居民的平均用水价格，三个街道人口占灌区总人口的 58.79%，计算得出灌区居民用水价值（即平均水价）为 1.92 元/吨。

最后，我们来估计水资源在生态环境用水用途中的价值。由于水资源的生态环境用途没有市场价值，通常使用条件价值法（CVM）来估计。为调查诸暨城区居民对于从陈石灌区（陈蔡、石壁水库）引水来改善城市生态环境的支付意愿，我们在诸暨城区随机发放问卷 300 份，最终回收 276 份，调查诸暨城区居民被调查者年龄、性别、教育程度、收入水平、对所在地区水生态环境的满意程度和对水利水务部门信任程度等。通过模型（3-9）估计，得出显著变量如表 5-1 左侧所示。其中年龄和性别的估计系数不显著。根据回归模型（3-9），可计算得到每人每年愿意为通过水资源使用改善城市生态环境支付 3.65 元。2014 年诸暨城区人口为 76 万人，总支付意愿为 273.49 万元。2014 年诸暨城区环境总用水为 1.73×10^7 吨，因而可计算出诸暨城区环境用水平均支付意愿，即诸暨城区居民对水资源的环境价值评价为 0.16 元/吨。同时，我们还在陈石灌区调查了当地居民对调水来改变当地生态环境的支付意愿，我们在陈石灌区随机发放问卷 300 份，最终回收 268 份，调查陈石灌区居民被调查者年龄、性别、教育程度、收入水平、对所在地区水生态环境的满意程度和对水利水务部门信任程度等。通过模型（3-10）估计，得出显著变量如表 5-1 右侧所示。其中年龄和性别的估计系数也不显著。根据回归模型（3-10），可计算得到每人每年愿意为通过水资源使用改善当地生态环境支付 12.06 元。2014 年陈石灌区总人口为 31.70 万人，总支付意愿为 382.32 万元。2014 年诸暨城区环境总用水为 1.27×10^8 吨，因而可计算出陈石灌区环境用水平均支付意愿，即陈石灌区居民对水资源的环境价值评价为 0.03 元/吨。

表 5-1　诸暨水资源生态环境价值回归模型计算结果

地区	诸暨城区		陈石灌区	
变量	系数	均值	系数	均值
edu	0.107 4	2.607 3	0.435 1	1.801 2
lninc	0.227 3	2.034 7	0.594 5	0.756 1
sat	−0.018 1	1.585 1	−0.081 4	1.324 1
tru	0.011 5	1.673 9	0.051 6	1.532 1
常数	0.560 7	1.000 0	1.285 4	1.000 0

跨区所转移的水资源不但在不同区域间利用价值不同，而且其利用结构（区域内部用水结构）也不尽相同。根据诸暨市水利水电局和陈石灌区提供的数据，诸暨城区用水中产业用水、居民用水和环境用水分别占 82%、15% 和 3%，而陈石灌区用水中产业用水、居民用水和环境用水比例分别为 75%、

5 案例研究

7%和18%。结合水资源在不同地区的利用价值和用水结构的不同,通过模型(3-11)可算出诸暨水资源跨区转移为各地区带来的总收益为:

$$F_{ab} = Q_{ab} \left\{ \begin{bmatrix} \varepsilon_{1a} \\ \varepsilon_{2a} \\ \cdot \\ \cdot \\ \varepsilon_{na} \end{bmatrix}^{-1} \begin{bmatrix} v_{1a} \\ v_{2a} \\ \cdot \\ \cdot \\ v_{na} \end{bmatrix} - \begin{bmatrix} \varepsilon_{1b} \\ \varepsilon_{2b} \\ \cdot \\ \cdot \\ \varepsilon_{nb} \end{bmatrix}^{-1} \begin{bmatrix} v_{1b} \\ v_{2b} \\ \cdot \\ \cdot \\ v_{nb} \end{bmatrix} \right\}$$

$$= 792 \times 10^4 \times \left\{ \begin{bmatrix} 0.82 \\ 0.15 \\ 0.03 \end{bmatrix}^{-1} \begin{bmatrix} 10.28 \\ 2.00 \\ 0.16 \end{bmatrix} - \begin{bmatrix} 0.75 \\ 0.07 \\ 0.18 \end{bmatrix}^{-1} \begin{bmatrix} 3.15 \\ 1.92 \\ 0.03 \end{bmatrix} \right\}$$

$$= 4.93 \times 10^7 \tag{5-5}$$

为进行水资源转移利用,各参与方总投入为 1.3564×10^8 元,按照水利工程25年的使用年限,取社会折现率为12%,折算年金为 1.72944×10^7 元,其中灌区折算年金投入 1.4327×10^6 元,诸暨城区折算年金投入 1.58617×10^7 元。陈石灌区进行转移水资源使得农业减少用水 1.01×10^6 吨,而当地的农业水资源利用效率为1.83元/吨,因而这导致农业用水主体的每年经济损失 1.8483×10^6 元。根据公式(3-12),可计算水资源跨区转移为各地区带来的净收益增值为:

$$WV_{ab} = Q_{ab} \left\{ \begin{bmatrix} \varepsilon_{1a} \\ \varepsilon_{2a} \\ \cdot \\ \cdot \\ \varepsilon_{na} \end{bmatrix}^{-1} \begin{bmatrix} v_{1a} \\ v_{2a} \\ \cdot \\ \cdot \\ v_{na} \end{bmatrix} - \begin{bmatrix} \varepsilon_{1b} \\ \varepsilon_{2b} \\ \cdot \\ \cdot \\ \varepsilon_{nb} \end{bmatrix}^{-1} \begin{bmatrix} v_{1b} \\ v_{2b} \\ \cdot \\ \cdot \\ v_{nb} \end{bmatrix} \right\}$$

$$- G(Q_{ab}) - T(Q_{ab})$$

$$= (792 \times 10^4) \times \left\{ \begin{bmatrix} 0.82 \\ 0.15 \\ 0.03 \end{bmatrix}^{-1} \begin{bmatrix} 10.28 \\ 2.00 \\ 0.16 \end{bmatrix} - \begin{bmatrix} 0.75 \\ 0.07 \\ 0.18 \end{bmatrix}^{-1} \begin{bmatrix} 3.15 \\ 1.92 \\ 0.03 \end{bmatrix} \right\}$$

$$-1.73 \times 10^7 - 1.85 \times 10^6 = 3.02 \times 10^7 \quad (5\text{-}6)$$

5.1.3 水资源转移利益分配计算

由以上计算结果可以看出，水资源跨区域转移带来的净增值为 3.02×10^7 元。下面，我们利用 4.1.2 节分析中提到的沙普利值（Shapley Value）的方法对受水区和供水区各个用水部门的收益进行分析。首先，将供水区的产业部门、生活用水部门和生态部门标记为 A1、A2、A3，将受水区三个部门标记为 B，来计算供水区三个部门之间如何进行收益分配。在计算受水区三个部门的收益分配时，将供水区标记为 A 地区，受水区三个部门标记为 B1、B2、B3。在沙普利值计算过程中假设投资成本在受水区部门按用水比例分摊。沙普利值计算的重点是计算出当某一部门不参与合作时水资源转移带来的收益，计算思路如下：供水区某一部门不参与合作意味着水资源总转移量会相应地减少，减少的数额即初始情形下该部门应当转移的数额。转移数额的减少对应的受水区每个部门使用的水资源按比例减少，并计算出总量减少后水资源转移增值量。现在我们根据 4.1.2 节所介绍的沙普利值法来计算水资源跨区转移带来的增值如何在各参与方之间进行分配。先对供水区各参与方所应得到的水资源转移增值利益分配如下。

其中参与者 A1（A 地区产业生产用水部门）的收益分配计算如表 5-2 所示：

5 案例研究

表 5-2 参与者 A1（A 地区产业生产用水部门）的收益分配计算

S	S－{1}	V(S) (10^4)	V(S－{A1}) (10^4)	ω(T)
{A1, A2, A3, B}	{A2, A3, B}	3 022	1 233	1/4
{A1, A3, B}	{A3, B}	2 909	900	1/12
{A1, A2, B}	{A2, B}	2 481	343	1/12
{A1, B}	{B}	2 349	0	1/12

基于表 5-2 中数据，可以利用公式（4-20）计算出供水区产业生产部门能从水资源增值中所应分配得到的利益：

$$M_{A1} = \frac{1}{4} \times (3\ 022 - 1\ 233) + \frac{1}{12} \times (2\ 909 - 900) +$$

$$\frac{1}{12} \times (2\ 481 - 343) + \frac{1}{12} \times 2\ 349 = 9.89 \times 10^6$$

(5-7)

其中参与者 A2（A 地区居民生活用水部门）的收益分配计算如表 5-3 所示：

表 5-3 参与者 A2（A 地区居民生活用水部门）的收益分配计算

S	S－{A2}	v(S) (10^4)	v(S－{A2}) (10^4)	ω(T)
{A1, A2, A3, B}	{A1, A3, B}	3 022	2 909	1/4
{A2, A3, B}	{A3, B}	1 223	900	1/12
{A1, A2, B}	{A1, B}	2 481	2 349	1/12
{A2, B}	{B}	343	0	1/12

基于表 5-3 中数据，可以利用公式（4-21）计算出供水区居民生活部门能从水资源增值中所应分配得到的利益：

$$M_{A2} = \frac{1}{4} \times (3\,022 - 2\,909) + \frac{1}{12} \times (1\,223 - 900) +$$

$$\frac{1}{12} \times (2\,481 - 2\,349) + \frac{1}{12} \times 343 = 9.48 \times 10^5$$

(5-8)

其中参与者 A3（A 地区生态环境用水部门）的收益分配计算如表 5-4 所示：

表 5-4　参与者 A3（A 地区生态环境用水部门）的收益分配计算

S	S−{A3}	v (S) (10^4)	v (S−{A3}) (10^4)	ω (T)
T	{A1, A2, B}	3 022	2 481	1/4
{A2, A3, B}	{A2, B}	1 223	343	1/12
{A1, A3, B}	{A1, B}	2 909	2 349	1/12
{A3, B}	{B}	900	0	1/12

基于表 5-4 中数据，可以利用公式（4-22）计算出供水区生态环境部门能从水资源转移增值中所应分配得到的利益：

$$M_{A3} = \frac{1}{4} \times (3\,022 - 2\,481) + \frac{1}{12} \times (1\,223 - 343) + \frac{1}{12}$$

$$\times (2\,909 - 2\,349) + \frac{1}{12} \times 900 = 3.30 \times 10^6 \quad (5-9)$$

下面对受水区三个参与方（参与部门）水资源转移的增值利益进行分配，这时将供水区总体看成 A，受水区的三个参与方分别标记为 B1，B2，B3。

其中参与者 B1（B 地区产业生产用水部门）的收益分配计算如表 5-5 所示：

表 5-5　参与者 B1（B 地区产业生产用水部门）的收益分配计算

S	S−{B1}	$V(S)$ (10^4)	$V(S-\{B1\})$ (10^4)	$\omega(T)$
{B1, B2, B3, A}	{B2, B3, A}	3 022	−375	1/4
{B1, B3, A}	{B3, A}	2 610	−61	1/12
{B1, B2, A}	{B2, A}	2 983	−305	1/12
{B1, A}	{A}	2 562	0	1/12

基于表 5-5 中数据，可以利用公式（4-23）计算出受水区的产业生产部门能从水资源增值中所应分配得到的利益：

$$M_{B1} = \frac{1}{4} \times (3\,022 + 375) + \frac{1}{12} \times (2\,610 + 61) + \frac{1}{12} \times$$

$$(2\,983 + 305) + \frac{1}{12} \times 2\,562 = 1.56 \times 10^7$$

$$= 1\,559 \times 10^4 = 1.559 \times 10^7 \qquad (5\text{-}10)$$

其中参与者 B2（B 地区居民生活用水部门）的收益分配计算如表 5-6 所示：

表 5-6　参与者 B2（B 地区居民生活用水部门）的收益分配计算

S	S−{B2}	$v(S)$ (10^4)	$v(S-\{B2\})$ (10^4)	$\omega(T)$
{B1, B2, B3, A}	{B1, B3, A}	3 022	2 610	1/4
{B2, B3, A}	{B3, A}	−375	−61	1/12
{B1, B2, A}	{B1, A}	2 983	2 562	1/12
{B2, A}	{A}	−305	0	1/12

基于表 5-6 中数据，可以利用公式（4-24）计算出受水区的居民生活部门能从水资源增值中所应分配得到的利益：

$$M_{B2} = \frac{1}{4} \times (3\,022 - 2\,610) + \frac{1}{12} \times (-375 + 61)$$

$$+ \frac{1}{12} \times (2\,983 - 2\,562) + \frac{1}{12} \times (-305)$$

$$= 8.65 \times 10^5 \tag{5-11}$$

其中参与者 B3（B 地区生态环境用水部门）的收益分配计算如表 5-7 所示：

表 5-7　参与者 B3（B 地区居民生活用水部门）的收益分配计算

S	S−{B3}	$v(S)$	$v(S-\{B3\})$	$\omega(T)$
{B1, B2, B3, A}	{B1, B2, A}	3 022	2 983	1/4
{B2, B3, A}	{B2, A}	−375	−305	1/12
{B1, B3, A}	{B1, A}	2 610	2 562	1/12
{B3, A}	{A}	−61	0	1/12

基于表 5-7 中数据，可以利用公式（4-25）计算出受水区的生态环境部门能从水资源增值中所应分配得到的利益：

$$M_{B3} = \frac{1}{4} \times (3\,022 - 2\,983) + \frac{1}{12} \times (-375 + 305) + \frac{1}{12}$$

$$\times (2\,610 - 2\,562) + \frac{1}{12} \times (-61)$$

$$= 2.83 \times 10^4 \tag{5-12}$$

5.1.4　水资源转移利益区域间补偿计算

通过计算得出参与者在水资源跨区转移中应得到的利益分配之后，我们再考察其实际的投入（和损失），来计算参与主体之间应实施的利益补偿。由于受水区（或供水区）三部门

（生产、生活和生态）所投入的成本（或损失）在实践上难以明确区分开来，但受水区和供水区所分别进行的投入（和损失）较容易区分，因而我们直接来计算受水区（将其三部门看作一个整体）和供水区（也将其三部门看作一个整体）之间所需要进行的水资源转移的利益补偿。

将 5.1.3 节中所计算得出的供水区三部门（产业生产用水部门、居民生活用水部门和生态环境用水部门）所得到的水资源转移增值利益分配总量为：

$$M_A = \sum_{i=1}^{n} M_{Ai} = M_{A1} + M_{A2} + M_{A3}$$
$$= 9.89 \times 10^6 + 9.48 \times 10^5 + 3.30 \times 10^6$$
$$= 1.41 \times 10^7 \tag{5-13}$$

同理，将 5.1.3 节中所计算得出的供水区三部门（产业生产用水部门、居民生活用水部门和生态环境用水部门）所得到的水资源转移增值利益分配总量为：

$$M_B = \sum_{i=1}^{n} M_{Bi} = M_{B1} + M_{B2} + M_{B3}$$
$$= 1.56 \times 10^7 + 8.65 \times 10^5 + 2.83 \times 10^4$$
$$= 1.65 \times 10^7 \tag{5-14}$$

然后，利用公式（4-26）来计算供水区和受水区之间需要对水资源跨区转移利用而进行的利益补偿。其中供水区应得到的利益补偿额度为：

$$Z_A = V_A - (F_{IA} - G_A - T_A) = 1.41 \times 10^7 - (0 - 1.43 \times 10^6 - 1.85 \times 10^6) = 1.72 \times 10^7 \tag{5-15}$$

而其中受水区应得到的利益补偿额度为：

$$Z_B = V_B - (F_B - G_B - T_B) = 1.65 \times 10^7 -$$
$$(4.93 \times 10^7 - 1.59 \times 10^7 - 0)$$
$$= -1.72 \times 10^7 \tag{5-16}$$

即诸暨城区应向陈石灌区支付水资源转移利用的利益补偿额度为 1.72×10^7 元。而实际上，2007 年灌区（农业用水主体）仅得到 7.4×10^5 元的转移用水利益补偿额，这不仅没有补偿农业节水所带来的损失，也没有充分分享到因水资源转移利用而产生的合作收益。

5.2　黄岩长潭库区案例

5.2.1　长潭水库水资源利用及管理状况

长潭水库位于浙江省台州市黄岩区境内永宁江上游（西部山区），距黄岩城西 22 千米处，坝址在黄岩区北洋镇长潭村，是一座以防洪、灌溉、供水为主，结合发电、淡水养殖等综合利用的多年调节的大（Ⅱ）型水库，也是温黄平原灌区的大型水利骨干工程，担负着供给温黄平原 104.27 万亩[①]农田灌溉和 200 万城镇居民生活用水及数 10 万家企业生产用水的任务，对台州市及其南翼的经济建设和社会发展起着至关重要的作用。

长潭水库作为一座以灌溉为主，结合防洪、供水、发电等综合利用的大（Ⅱ）型水库，发挥着综合效能。水库自 1958 年动工兴建，1964 年 12 月竣工。运行 44 年来，其显著的除

---

① "亩"为非法定计量单位，1 亩=1/15 公顷，下同。

害兴利作用减少了受益区洪涝灾害，促进了农业生产，保障了城乡工商企事业和居民生活用水、为温黄平原社会经济的发展做出了巨大的贡献，社会效益显著。

近年来，随着各服务地区的社会经济发展，城市化和工业化水平的提高，各地区需水量和用水量随之增长。为满足路桥、椒江和温岭的用水需求，台州市对长潭水库库区进行了大规模的水利工程建设，2013—2014 年累计投资 $2.225\ 56×10^9$ 元，用于长潭灌区续建配套与节水改造，进行跨区水资源调配和协调利用。通过库区水利工程建设，提高了河道行洪能力、灌溉能力和水资源输配能力，使得库区中下游地区每年可增加用水 $2.9×10^7$ 吨。

5.2.2 水资源转移增值计算

在本案例中，长潭水库供水包括黄岩、路桥、椒江和温岭四个地区，其中黄岩处于库区上游属于水资源输出区，路桥、椒江和温岭为水资源输入区。本研究中，我们把路桥、椒江和温岭三区看作为一个整体的用水输入地区（简称长潭下游地区），来考察水资源转移在其各部门水资源利用的增值情况。将根据 2003—2014 年，路桥、椒江和温岭三区 GDP 产值、固定资产投资、从业人员人数等基础数据，利用 3.1 节公式（3-2），计算出诸暨城区水资源生产函数如下：

$$\ln Y = 1.031 + 0.069t + 0.517\ln K + 0.365\ln L + 0.103\ln W \tag{5-17}$$

$$Y = 2.805 e^{0.069t} K^{0.532} L^{0.365} W^{0.103} \tag{5-18}$$

其中：Y 为该区域内国民生产总值；t 表示时间；K 表示

固定资产投资；L 表示劳动力投入；W 表示水资源使用量（用水量）。

根据上述所计算的生产函数可以看出，路桥、椒江和温岭三区水资源使用量每增加 1%，国民生产总值可增加 0.103%。由于缺少 2013 年的区域生产总值数据，我们以 2014 年的数据为基准估计水资源输入区和转移区的水资源利用价值。根据以上生产函数估计结果，可估计出 2014 年路桥、椒江和温岭三区用水量增加 7.726×10^6 吨（1%）将增加国民生产总值 1.493×10^8 元（0.103%），则路桥、椒江和温岭三区单方水的经济效益为 19.33 元/吨。

根据 2003—2014 年黄岩地区的国民生产总值、固定资产投资、从业人员人数等基础数据，利用 3.1 节公式（3-2），计算出黄岩地区水资源生产函数如下：

$$\ln Y = 0.926 + 0.065t + 0.509\ln K + 0.376\ln L + 0.115\ln W \tag{5-19}$$

$$Y = 2.718 e^{0.065t} K^{0.509} L^{0.376} W^{0.115} \tag{5-20}$$

其中：Y 为该区域内国民生产总值；t 表示时间；K 表示固定资产投资；L 表示劳动力投入；W 表示水资源使用量（用水量）。

根据上述所计算的生产函数可以看出，黄岩地区水资源使用量每增加 1%，国民生产总值可增加 0.115%。以 2014 年为例，可算出黄岩地区用水量增加 2.261×10^6 吨（1%）将增加国民生产总值 3.259×10^{12} 元（0.115%），即黄岩地区单方水的经济效益为 14.42 元/立方米。

对于居民用水部门来说，台州居民用水基本都采用城市供水系统。台州黄岩根据不同的用水分类制定了不同的水价政策，其中居民生活用水水价为 2.20 元/吨。而台州路桥、椒江和温岭民生活用水为 3.20 元/吨。

最后，我们采用条件价值法（CVM）来估计水资源在台州不同地区生态环境用水用途中的价值。为调查台州居民对利用水资源改善当地生态环境的意愿，我们分别在黄岩、路桥、椒江和温岭分别发放问卷 200 份，调查台州各区居民被调查者年龄、性别、教育程度、收入水平、对所在地区水生态环境的满意程度和对水利水务部门信任程度等。然后将路桥、椒江和温岭三地的问卷合并，其中黄岩回收问卷 187 份，路桥、椒江和温岭三地回收 531 份。通过模型（3-9）估计，得出显著变量如表 5-8 左侧所示。其中年龄和性别的估计系数不显著。根据回归模型，可计算得到长潭下游地区每人每年愿意为通过水资源使用改善城市生态环境支付 1.50 元。2014 年诸暨城区人口为 217 万人，总支付意愿为 324.49 万元。2014 年长潭下游地区环境总用水为 2.32×10^7 吨，因而可计算出长潭下游地区环境用水平均支付意愿，即长潭下游地区居民对水资源的环境价值评价为 0.14 元/吨。同时，通过模型 3-10) 估计黄岩地区的水资源环境用水支付意愿，得出显著变量如表 5-8 右侧所示。其中年龄和性别的估计系数也不显著。根据回归模型，可计算得出黄岩地区每人每年愿意为通过水资源使用改善当地生态环境支付 1.69 元。2012 年黄岩地区总人口为 60.33 万人，总支付意愿为 101.97 万元。2014 年黄岩地区环境总用水为 9.27×10^6 吨，因而可计算出黄岩地区环境用水平均支付意愿，即黄岩地区居民对水资源的环境价值评价为 0.11 元/吨。

表 5-8 台州水资源生态环境价值回归模型计算结果

地区	长潭下游地区		黄岩地区	
变量	系数	均值	系数	均值
edu	0.051 8	2.314 5	0.065 1	2.267 9
lninc	0.069 7	1.987 5	0.073 1	1.923 1
sat	−0.008 0	1.543 2	−0.011 7	1.450 3
tru	0.005 3	1.719 5	0.006 2	1.625 7
常数	0.149 3	1.000 0	0.243 8	1.000 0

跨区所转移的水资源不但在不同区域间利用价值不同，而且其利用结构也不尽相同。根据长潭水库管理局和台州各地市水利局提供的数据，黄岩用水中产业用水、居民用水和环境用水分别占 83.7%、12.2%和 4.1%，而下游地区用水中产业用水、居民用水和环境用水比例分别为 88.6%、7.9%和 3.5%。

结合水资源在不同地区的利用价值和用水结构的不同，通过模型（3-11）可算出台州水资源跨区转移为各地区带来的总收益为：

$$F_{ab} = Q_{ab} \left\{ \begin{bmatrix} \varepsilon_{1a} \\ \varepsilon_{2a} \\ \cdot \\ \varepsilon_{na} \end{bmatrix}^{-1} \begin{bmatrix} v_{1a} \\ v_{2a} \\ \cdot \\ v_{na} \end{bmatrix} - \begin{bmatrix} \varepsilon_{1b} \\ \varepsilon_{2b} \\ \cdot \\ \varepsilon_{nb} \end{bmatrix}^{-1} \begin{bmatrix} v_{1b} \\ v_{2b} \\ \cdot \\ v_{nb} \end{bmatrix} \right\} - G(Q_{ab})$$

$$= 2.90 \times 10^7 \times \left\{ \begin{bmatrix} 0.89 \\ 0.08 \\ 0.04 \end{bmatrix}^{-1} \begin{bmatrix} 19.33 \\ 3.20 \\ 0.14 \end{bmatrix} - \begin{bmatrix} 0.84 \\ 0.12 \\ 0.04 \end{bmatrix}^{-1} \begin{bmatrix} 14.42 \\ 2.20 \\ 0.11 \end{bmatrix} \right\}$$

$$= 1.45 \times 10^8 \tag{5-21}$$

为进行水资源转移利用,各参与方总投入为 $2.255\,629 \times 10^8$ 元,按照水利工程 25 年的使用年限,取社会折现率为 12%,折算年金为 $2.875\,93 \times 10^7$ 元,均由下游地区受水区投入。由于转移用水未给上游带来可计算的产业发展损失,故本案例略去。根据公式(3-12),计算水资源转移增值为:

$$WV_{ab} = Q_{ab} \left\{ \begin{bmatrix} \varepsilon_{1a} \\ \varepsilon_{2a} \\ \cdot \\ \varepsilon_{na} \end{bmatrix}^{-1} \begin{bmatrix} v_{1a} \\ v_{2a} \\ \cdot \\ v_{na} \end{bmatrix} - \begin{bmatrix} \varepsilon_{1b} \\ \varepsilon_{2b} \\ \cdot \\ \varepsilon_{nb} \end{bmatrix}^{-1} \begin{bmatrix} v_{1b} \\ v_{2b} \\ \cdot \\ v_{nb} \end{bmatrix} \right\} - G(Q_{ab})$$

$$= 2.90 \times 10^7 \times \left\{ \begin{bmatrix} 0.89 \\ 0.08 \\ 0.04 \end{bmatrix}^{-1} \begin{bmatrix} 19.33 \\ 3.20 \\ 0.14 \end{bmatrix} - \begin{bmatrix} 0.84 \\ 0.12 \\ 0.04 \end{bmatrix}^{-1} \begin{bmatrix} 14.42 \\ 2.20 \\ 0.11 \end{bmatrix} \right\}$$

$$- 2.88 \times 10^7 = 1.17 \times 10^8 \tag{5-22}$$

5.2.3 水资源转移利益分配计算

由以上计算结果可以看出,水资源跨区域转移带来的净增值为 1.17×10^8 元。下面,我们仍然利用 4.1.2 节分析中提到的沙普利值(Shapley Value)的方法对受水区和供水区各个用水部门的收益进行分析。首先,将供水区的产业部门、生活用水部门和生态部门标记为 A1、A2、A3,将受水区三个部门标记为 B,来计算供水区三个部门之间如何进行收益分配。在计算受水区三个部门的收益分配时,将供水区标记为 A 地区,受水区三个部门标记为 B1、B2、B3。现在我们根据 4.1.2 节所介绍的沙普利值法来计算水资源跨区转移带来的增值如何在各参与方之间进行分配。先对供水区各参与方所应得到的水资源转移增值利益分配如下。

其中参与者 A1（A 地区产业生产用水部门）的收益分配计算如表 5-9 所示：

表 5-9　参与者 A1（A 地区产业生产用水部门）的收益分配计算

S	S－{1}	V (S) (10^4)	V (S－{A1}) (10^4)	ω (T)
{A1, A2, A3, B}	{A2, A3, B}	11 744	7 619	1/4
{A1, A3, B}	{A3, B}	10 995	1 948	1/12
{A1, A2, B}	{A2, B}	11 275	5 704	1/12
{A1, B}	{B}	10 492	0	1/12

基于表 5-9 中数据，可以利用公式（4-20）计算出供水区产业生产部门能从水资源增值中所应分配得到的利益：

$$M_{A1} = \frac{1}{4} \times (11\,744 - 7\,619) + \frac{1}{12} \times (10\,995 - 1\,948)$$

$$+ \frac{1}{12} \times (11\,275 - 5\,704) + 0 = 3.12 \times 10^7 \quad (5\text{-}23)$$

其中参与者 A2（A 地区居民生活用水部门）的收益分配计算如表 5-10 所示：

表 5-10　参与者 A2（A 地区居民生活用水部门）的收益分配计算

S	S－{A2}	v (S) (10^4)	v (S－{A2}) (10^4)	ω (T)
{A1, A2, A3, B}	{A1A3, B}	11 744	10 995	1/4
{A2, A3, B}	{A3, B}	7 619	1 948	1/12
{A1, A2, B}	{A1, B}	11 275	10 492	1/12
{A2, B}	{B}	5 704	0	1/12

5 案例研究

基于表 5-10 中数据，可以利用公式（4-21）计算出供水区居民生活部门能从水资源增值中所应分配得到的利益：

$$M_{A2} = \frac{1}{4} \times (11\,744 - 10\,995) + \frac{1}{12} \times (7\,619 - 1\,948) + \frac{1}{12}$$

$$\times (11\,275 - 10\,492) + \frac{1}{12} \times 5\,704 = 1.20 \times 10^7$$

(5-24)

其中参与者 A3（A 地区生态环境用水部门）的收益分配计算如表 5-11 所示：

表 5-11 参与者 A3（A 地区生态环境用水部门）的收益分配计算

S	S−{A3}	v(S) (10^4)	v(S−{A3}) (10^4)	ω(T)
{A1, A2, A3, B}	{A1, A2, B}	11 744	11 275	1/4
{A2, A3, B}	{A2, B}	7 619	5 704	1/12
{A1, A3, B}	{A1, B}	10 995	10 492	1/12
{A3, B}	{B}	1 948	0	1/12

基于表 5-11 中数据，可以利用公式（4-22）计算出供水区生态环境部门能从水资源转移的增值中所应分配得到的利益：

$$M_{A3} = \frac{1}{4} \times (11\,744 - 11\,275) + \frac{1}{12} \times (7\,619 - 5\,704)$$

$$+ \frac{1}{12} \times (10\,995 - 10\,492) + \frac{1}{12} \times 1\,948$$

$$= 4.81 \times 10^6$$

(5-25)

下面对受水区三个参与方（参与部门）水资源转移的增值利益进行分配，这时将供水区总体看成 A，受水区的三个参与方分别标记为 B1，B2，B3。

其中参与者 B1（B 地区产业生产用水部门）的收益分配计算如表 5-12 所示：

表 5-12 参与者 B1（B 地区产业生产用水部门）的收益分配计算

S	S− {B1}	$V(S)$ (10^4)	$V(S-\{B1\})$ (10^4)	$\omega(T)$
{B1, B2, B3, A}	{B2, B3, A}	11 744	−4 032	1/4
{B1, B3, A}	{B3, A}	10 846	−1 255	1/12
{B1, B2, A}	{B2, A}	11 417	−2 788	1/12
{B1, A}	{A}	10 034	0	1/12

基于表 5-12 中数据，可以利用公式（4-23）计算出受水区的产业生产部门能从水资源增值中所应分配得到的利益：

$$M_{B1} = \frac{1}{4} \times (11\ 744 + 4\ 032) + \frac{1}{12} \times (10\ 846 + 1\ 255)$$

$$+ \frac{1}{12} \times (11\ 417 + 2\ 788) + \frac{1}{12} \times (10\ 034 - 0)$$

$$= 6.97 \times 10^7 \tag{5-26}$$

其中参与者 B2（B 地区居民生活用水部门）的收益分配计算如表 5-13 所示：

表 5-13 参与者 B2（B 地区居民生活用水部门）的收益分配计算

S	S− {B2}	$v(S)$ (10^4)	$v(S-\{B2\})$ (10^4)	$\omega(T)$
{B1, B2, B3, A}	{B1, B3, A}	11 744	10 846	1/4
{B2, B3, A}	{B3, A}	−4 032	−1 255	1/12
{B1, B2, A}	{B1, A}	11 417	10 034	1/12
{B2, A}	{A}	−2 788	0	1/12

基于表 5-13 中数据,可以利用公式(4-24)计算出受水区的居民生活部门能从水资源增值中所应分配得到的利益:

$$M_{B2} = \frac{1}{4} \times (11\,744 - 10\,846) + \frac{1}{12} \times (-4\,032 + 1\,255)$$
$$+ \frac{1}{12} \times (11\,417 - 10\,034) + \frac{1}{12} \times (-2\,788 - 0)$$
$$= -1.24 \times 10^6 \qquad (5-27)$$

其中参与者 B3(B 地区生态环境用水部门)的收益分配计算如表 5-14 所示:

表 5-14 参与者 B3(B 地区居民生活用水部门)的收益分配计算

S	S−{B3}	$v(S)$ (10^4)	$v(S-\{B3\})$ (10^4)	$\omega(T)$
{B1, B2, B3, A}	{B1, B2, A}	11 744	11 417	1/4
{B2, B3, A}	{B2, A}	−4 032	−2 788	1/12
{B1, B3, A}	{B1, A}	10 846	10 034	1/12
{B3, A}	{A}	−1 255	−0	1/12

基于表 5-14 中数据,可以利用公式(4-25)计算出受水区的生态环境部门能从水资源增值中所应分配得到的利益:

$$M_{B3} = \frac{1}{4} \times (11\,744 - 11\,417) + \frac{1}{12} \times (-4\,032 + 2\,788)$$
$$+ \frac{1}{12} \times (10\,846 - 10\,034) + \frac{1}{12} \times (-1\,255)$$
$$= -5.88 \times 10^5 \qquad (5-28)$$

5.2.4 水资源转移利益区域间补偿计算

通过以上计算得出各参与者在水资源跨区转移中应得到

的利益分配之后,我们再考察其实际的投入(和损失),来计算参与主体之间应实施的利益补偿。本例我们同样直接计算受水区(将其三部门看作一个整体)和供水区(也将其三部门看作一个整体)之间所需要进行了水资源转移的利益补偿。

将 5.2.3 节中所计算得出的供水区三部门(产业生产用水部门、居民生活用水部门和生态环境用水部门)所得到的水资源转移增值利益分配总量为:

$$M_A = \sum_{i=1}^{n} M_{Ai} = M_{A1} + M_{A2} + M_{A3}$$
$$= 3.12 \times 10^7 + 1.20 \times 10^7 + 4.81 \times 10^6$$
$$= 4.81 \times 10^7 \tag{5-29}$$

同理,将 5.2.3 节中所计算得出的供水区三部门(产业生产用水部门、居民生活用水部门和生态环境用水部门)所得到的水资源转移增值利益分配总量为:

$$M_B = \sum_{i=1}^{n} M_{Bi} = M_{B1} + M_{B2} + M_{B3}$$
$$= 6.97 \times 10^7 - 1.24 \times 10^6 - 5.88 \times 10^5$$
$$= 6.79 \times 10^7 \tag{5-30}$$

然后,利用公式(4-26)来计算供水区和受水区之间需要对水资源跨区转移利用而进行的利益补偿。其中供水区应得到的利益补偿额度为:

$$Z_A = V_A - (F_{IA} - G_A) = 4.81 \times 10^7 - (0 - 0)$$
$$= 4.81 \times 10^7 \tag{5-31}$$

其中受水区应得到的利益补偿额度为:

$$Z_B = V_B - (F_{IB} - G_B - T_B) = 6.79 \times 10^7 - \\ (1.45 \times 10^8 - 2.88 \times 10^4 - 0) \\ = -4.81 \times 10^7 \tag{5-32}$$

即水资源转移受益的下游地区应向上游水资源转移输出地区支付水资源转移利用的利益补偿额度为 4.81×10^7 元。而实际上，上游水资源转移输出地区由于没有进行专门性的水利工程投入而未得到转移用水的利益分配和利益补偿。但是，上游水资源转移输出地区参与了水资源转移，为水资源转移的成功运行做出了贡献，理应得到合理的公正的参与性收益。

5.3 小结

本章选取跨区域水资源转移的典型案例，来考查跨区域水资源转移利用的现实情况和问题，并利用本研究拟构建的水资源跨区转移价值增值模型及水资源跨区转移利益分配与补偿模型，来量化实证跨区域水资源转移利益补偿分配与补偿额度。案例研究证明了水资源跨区转移的价值增值模型和水资源跨区转移利益分配与补偿模型的可行性和有效性。案例研究还表明，现实中的水资源跨区转移中水资源输出供给方往往没有能够分享到因水资源转移利用而产生的增加收益，亟需建立科学合理、公正的水资源跨区转移利益补偿机制来保障水资源转移供给方的利益，对其进行科学合理而又公平的利益补偿。

6 结论与政策启示

6.1 研究结论

本研究以公共物品理论、外部性理论和水资源价值论为基础，在理论上构建水资源跨区转移的价值增值模型，从区域层面来计量水资源跨区转移所创造的价值（包括经济及生态环境价值）增值。然后，从区域内和区域间水资源利益协调角度出发，采用合作博弈的 Shapley 值法来对水资源跨区转移的增值收益进行分配，构建水资源跨区转移利益分配与补偿模型，确定水资源转移的增值在各利益主体之间的分配及相应利益补偿，为政府确定利益补偿额度和分配方案提供依据。

跨区转移利用中水资源价值将会发生变化，这种价值变化不仅体现在其各产业中利用的经济价值变化，即水资源转移价值的增值不但有产业生产的经济价值，它还带来相应区域间居民用水效益和生态环境效益的变化。这种水资源价值的变化不适合简单地采用传统的成本法或需求价值法去进行衡量，而需要采用整合价值计算方法予以全面衡量。本研究所提出的水资源跨区转移的价值增值模型能够更科学准确地量化水资源在跨区转移利用中的价值及其价值增值。

基于合作博弈的分析，可以看出水资源管理部门对区域间水资源进行调配和利益分配与补偿，可以在保障产业协调发展的基础上按照经济利益最大化的原则对水资源进行更为有效的利用,并使得合作利益在各参与主体之间进行公平合理的分享。水资源转移的利益增值部分的分配遵循"公平"和"合理"的原则,尤其照顾到水资源移出地区的利益,能够为参与合作的各方提供足够的激励促使其持续进行配合合作。本研究所提出来的水资源跨区转移利益分配与补偿模型所得出的分配和协调结果公平合理,易于被各方接受,能保障水资源跨区转移利用的增值分配机制的稳定持久运行,有助于地方政府更合理地协调水资源的区域供需关系,避免区域间水资源利用的利益冲突,实现水资源高效可持续利用。

本研究通过诸暨和台州的跨区水资源转移实际案例的应用,分析验证了水资源跨区转移的价值增值模型和水资源跨区转移利益分配与补偿模型的可行性和有效性。案例研究计算结果还表明,现实中的水资源跨区转移中往往仅考虑投入的贡献,而忽视参与的贡献,因而水资源输出供给方往往得不到充分的水资源转移收益,没有充分分享到因水资源转移利用而产生的增加收益,亟需建立科学合理、公正的水资源跨区转移利益补偿机制来保障水资源转移参与各方(尤其是水资源转移供给方)的利益。

6.2 政策启示与对策建议

建立水资源协调利用的利益分享与补偿机制,使得区域间水资源出让的增值收益能够得到科学合理的分配和共享,是解决工业化和城市化进程中水资源供需矛盾、用水结构性与地区性矛盾和实现水资源的可持续利用的必然选择。

实施水资源跨区利用利益分享与补偿机制，首先需要科学测算出所转移的水资源的价值变化，再在其基础上对水资源转移收益进行合理的分配和补偿。各地区在实施跨区水资源转移中，不仅要认识并科学准确地衡量水资源转移所产生的经济价值，还要充分考虑并合理度量水资源的生态和环境价值。

水资源转移的增值收益应为各个参与方共同享有，不应仅为水资源使用方所享有，避免水资源转移输入方低偿或无偿用水。水资源管理部门需要对水资源转移各参与主体进行协调并分配水资源转移的增值收益，以合适的价值返还方式补偿相关参与主体，对利益受损方（或未得到合理收益方）进行公平合理的利益返还和补偿。

各区域水资源转移参与主体都是"经济人"，对其决策环境做出理性的反应，并在水资源利用上存在着一定的竞争关系。而相关区域对水资源转移利用和利益补偿进行协调管理，将会使得各区域参与主体总收益增加。鉴于水资源利用的公共物品属性、外部性以及社会矛盾和社会关系复杂等特点，由水资源转移参与各方之间民主协商，采用横向转移支付的方式，建立公平合理的利益分享实施机制，提高各方参与的积极性，保证水资源转移利用有效、稳定、可持续进行。

当前，要积极发挥市场在资源配置中的决定性作用，以经济手段促进水资源在空间和时间上的合理配置；同时还要强化政府用水管理职能，保障水资源的可持续利用。建议要坚持谁受益、谁补偿原则，完善水资源跨区转移利用利益补偿机制，推动地区间建立横向利益补偿和协商制度。建立水资源利用利

6 结论与政策启示

益补偿机制的过程中，要统筹协调、公平公正、合理推进；谁受益、谁负担；多受益、多负担。同时，所有参与方都应得到相应的利益分享，以保障水资源跨区转移的可持续有效实施。对水资源转移利用参与主体（包括工程所在地居民等）给予合理的经济补偿，实现水资源利用的外部效益内部化和公共服务的均等化。

推进地区间水资源协调和利益补偿机制建设。实施水资源跨区利用与利益补偿机制，首先要科学合理地测算水资源跨区转移带来的资源价值变化，在其基础上再对水资源转移收益进行合理分配和利益补偿。在利益补偿方式上，可由水资源跨区转移参与各方协商合作，采用横向转移支付或市场化交易方式，建立公平合理的地区间用水利益分享机制，提高各方参与的积极性，保证水资源转移协调利用的有效进行。

推进城乡间水资源协调和利益补偿机制建设。要建立城乡协调、统筹兼顾、公平分享的水资源城乡协调利用机制。水资源在城乡协调利用中既要注重效率，也要兼顾公平。对农业节水给予合理的经济补偿和经济激励，保障"三农"用水权益。同时要适时推进建立水源地生态功能区市场化生态补偿机制，以市场机制来推动自然生态资源的有偿使用，以市场机制来激励水资源和水生态的保护和利用。

参 考 文 献

陈家琦,2002. 水安全保障问题浅议 [J]. 自然资源学报 (3):276-279.

陈菁,顾强生,仲跃,等,2004. 农村水利管理模式的应用 [J]. 河海大学学报·自然科学版 (2):225-228.

陈思源,2010. 水资源利用伦理与城市水资源管理决策优化 [J]. 城市发展研究 (3):103-108.

陈玉恒,2004. 大规模、长距离、跨流域调水的利弊分析 [J]. 水资源保护 (2):48-50+59.

封志明,杨艳昭,游珍,2014. 中国人口分布的水资源限制性与限制度研究 [J]. 自然资源学报 (10):1637-1648.

傅春,胡振鹏,2000. 一种综合利用水利工程费用分摊的对策方法 [J]. 水利学报 (4):57-63.

傅平,郑俊峰,陈吉宁,等,2004. 可应用稀缺水资源边际机会成本模型 [J]. 中国给水排水 (2):28-30.

甘泓,秦长海,汪林,等,2012. 水资源定价方法与实践研究 Ⅰ:水资源价值内涵浅析 [J]. 水利学报 (3):289-295,301.

葛颜祥,梁丽娟,接玉梅,2006. 水源地生态补偿机制的构建与运作研究 [J]. 农业经济问题 (9):22-27,79.

贾敏敏,王宁,2014. 水资源开发利用与管理中存在的问题与对策 [J]. 珠江水运 (1):76-77.

江中文,2008. 南水北调中线工程汉江流域水源保护区生态补偿标准与机制研究 [D]. 西安:西安建筑科技大学.

孔珂,2006. 黄河应急调水补偿机制研究 [D]. 西安:西安理工大学.

参考文献

雷波,许迪,刘钰,2013. 农业水资源效用评价 I:理论初探[J]. 中国水利水电科学研究院学报(3):161-166,175.

李德玉,任航,2013. 水资源价值浅析[J]. 吉林水利(11):32-35.

李怀恩,尚小英,王媛,2009. 流域生态补偿标准计算方法研究进展[J]. 西北大学学报. 自然科版(8).

李金昌,1991. 自然资源价值理论和定价方法的研究[J]. 中国人口. 资源与环境(1):29-33.

李永根,王晓贞,2003. 天然水资源价值理论及其实用计算方法[J]. 水利经济(3):30-32,54.

李友辉,孔琼菊,2010. 农业水资源价值的能值研究[J]. 江西农业学报(3):121-125.

梁勇,成升魁,闵庆文,等,2005. 居民对改善城市水环境支付意愿的研究[J]. 水利学报(5):613-617,623.

刘东兰,2000. 水资源评价方法及其应用[J]. 国土与自然资源研究(2):57-60.

刘普,2010. 中国水资源市场化制度研究[D]. 武汉:武汉大学.

刘伟,2004. 中国水制度的经济学分析[D]. 上海:复旦大学.

刘卫国,郑垂勇,徐增标,2008. 南水北调一期工程受水区多水源水价模型的研究——基于水资源高效利用的边际成本模型[J]. 中国农村水利水电(5):111-114.

刘文强,孙永广,顾树华,何建坤,2002. 水资源分配冲突的博弈分析[J]. 系统工程理论与实践(1):16-25.

卢亚卓,汪林,李良县,唐立杰,2007. 水资源价值研究综述[J]. 南水北调与水利科技(4):50-52,87.

吕翠美,吴泽宁,胡彩虹,2009. 水资源价值理论研究进展与展望[J]. 长江流域资源与环境(6):545-549.

吕素冰,2012. 水资源利用的效益分析及结构演化研究[D]. 大连:大连理工大学.

曼瑟尔·奥尔森，1995. 集体行动的逻辑 [M]. 上海：上海人民出版社.

毛锋，李城，佟大鹏，2009. 边际机会成本模型计算水资源价值的探讨 [J]. 黑龙江科技信息 (7)：220.

苗丽娟，于永海，关春江，等，2014. 机会成本法在海洋生态补偿标准确定中的应用——以庄河青堆子湾海域为例 [J]. 海洋开发与管理 (5)：21-26.

倪红珍，王浩，阮本清，等，2003. 基于环境价值论的商品水定价 [J]. 水利学报 (10)：101-107.

钱阔，1993. 我国自然资源的状况及资产化管理的必要性 [J]. 经济研究参考 (1)：302-312.

秦长海，甘泓，张小娟，等，2012. 水资源定价方法与实践研究Ⅱ：海河流域水价探析 [J]. 水利学报 (4)：429-436.

沈大军，梁瑞驹，王浩，等，1998. 水资源价值 [J]. 水利学报 (5)：55-60.

沈满洪，2004. 在千岛湖引水工程中试行生态补偿机制的建议 [J]. 杭州科技 (2)：12-15.

生效友，2007. 农业水权转让中的农民权益保护机制研究 [D]. 北京：中国农业科学院.

孙静，阮本清，张春玲，2007. 新安江流域上游地区水资源价值计算与分析 [J]. 中国水利水电科学研究院学报 (2)：121-124.

汪党献，王浩，尹明万，1999. 水资源价值水资源影子价格 [J]. 水科学进展 (2)：96-101.

汪群，侯洁，2007. 我国流域管理机构的角色定位 [J]. 中国水利 (8)：47-49.

王浩，甘泓，武博庆，2002. 水资源资产与现代水利 [J]. 中国水利 (10)：151-153.

王欢，2012. 基于边际效用理论的水资源价值研究 [D]. 北京：北京工业大学.

王晶，刘翔，2005. 边际机会成本与自然资源定价浅析 [J]. 环境科学与管理（3）：54-56.

王亚华，田富强，2010. 对黄河水权转换试点实践的评价和展望［J］. 中国水利（1）：21-25.

王战平，2014. 宁夏引黄灌区水资源优化配置研究［D］. 银川：宁夏大学.

魏蛟龙，2004. 基于博弈论的网络资源分配方法研究［D］. 武汉：华中科技大学.

魏守科，雷阿林，Albrecht Gnauck，2009. 博弈论模型在解决水资源管理中利益冲突的运用［J］. 水利学报（8）：910-918.

邢华，赵景华，2012. 流域与区域水利发展协调性评价——以淮河流域为例［J］. 中国人口. 资源与环境（10）：7-12.

熊萍，陈伟琪，2004. 机会成本法在自然环境与资源管理决策中的应用［J］. 厦门大学学报. 自然科学版（12）：201-204.

徐中民，张志强，程国栋，苏志勇，鲁安新，林清，张海涛，2002. 额济纳旗生态系统恢复的总经济价值评估［J］. 地理学报（1）：107-116.

翟春健，张宏伟，王亮，2009. 工业生产函数法用于城市工业用水量预测的研究［J］. 天津工业大学学报（5）：79-81.

张大鹏，2010. 石羊河流域河流生态系统服务功能及农业节水的生态价值评估［D］. 杨凌：西北农林科技大学.

张晶晶，邵润阳，唐颖，2014. 浅析解决水资源危机的最有效途径［J］. 资源节约与环保（3）：64-65.

张玉卓，杨冬民，2010. 关于陕南水源区生态补偿的外部效应及补偿机制研究［C］. 陕西省外国经济学说研究会. 陕西省外国经济学说研究会2010年年会"西部大开发10年"专题研讨会论文集.

张志乐，1999. 水作为供水项目产出物的影子价格测算理论和方法［J］. 水利科技与经济（1）：6-9.

张志强，徐中民，程国栋，苏志勇，2002. 黑河流域张掖地区生态系统服务恢复的条件价值评估［J］. 生态学报（6）：885-893.

张志强，徐中民，程国栋，2003. 条件价值评估法的发展与应用［J］. 地球科学进展（3）：454-463.

章铮，1996. 边际机会成本定价——自然资源定价的理论框架［J］. 自然资源学报（2）：107-112.

赵卉卉，张永波，王明旭，2014. 中国流域生态补偿标准核算方法进展研究［J］. 环境科学与管理（1）：151-154.

钟玉秀，杨柠，崔丽霞，方旭洁，2001. 合理的水价形成机制初探［J］. 水利发展研究（2）：13-16.

周奇凤，季云，1991. 城市工业供水效益计算理论与方法研究［J］. 水利经济（3）：26-31.

周万清，葛宝山，2009. 资源价值理论研究综述［J］. 情报科学（11）：1758-1760.

周玉玺，胡继连，周霞，2002. 基于长期合作博弈的农村小流域灌溉组织制度研究［J］. 水利发展研究（5）：9-12.

曾晶，石声萍，2010. 基于边际机会成本理论的农村自然资源管理制度选择分析［J］. 贵州农业科学（3）：214-217.

Baumann D D, Boland J J, 1998. The Case for Managing Urban Water [M]. McGraw Hill.

BenDor T, Riggsbee J A, 2011. Regulatory and ecological risk under federal requirements for compensatory wetland and stream mitigation [J]. Environmental Science & Policy, 14 (6): 639-649.

Bielsa J, Duarte R, 2001. An economic model for water allocation in North Eastern Spain [J]. International Journal of Water Resources Development, 17 (3): 397-408.

Booker J F, Young R A, 1994. Modeling Intrastate and Interstate Markets for Colorado River Water Resources [J]. Journal of Environmental Economics and Management, 26 (1): 66-87.

Brown T C, 2006. Trends in water market activity and price in the western United States [J]. Water Resources Research, 42 (9).

参考文献

BuchananJ, StubblebineW, 1962. Externality [J]. Economica, 29: 371-384.

Christensen L R, Jorgenson D W, Lau, L. J, 1973. Transcendental Logarithmic Production Frontiers [J]. The Review of Economics and Statistics, 55 (1): 28-45.

Coase R H, 1960. The Problem of Social Cost [J]. Journal of Law and Economics, 3 (1): 1-44.

Cobb C W, Douglas P H, 1928. A THEORY OF PRODUCTION. [J]. American Economic Review, 18: 139.

Heaney A, 2006. Third-party Effects of Water Trading and Potential Policy Responses [J]. The Australian Journal of Agricultural and Resource Economics, 50: 277-293.

Karamouz M, Nokhandan A K, Kerachian R, et al., 2009. Design of online river water quality monitoring systems using the entropy theory: A case study [J]. Environmental Monitoring and Assessment, 155 (1-4): 63-81.

Kayaga S, Calvert J, Sansom K, 2003. Paying for water services: effects of household characteristics [J]. Utilities Policy, 11 (3): 123-132.

Lejano R P, Davos C A, 1995. Cost allocation of multi-agency water resource projects: Game theoretic approaches and case study [J]. Water Resources Research, 31 (5): 1387-1393.

Loáiciga H A, 2004. Analytic game—theoretic approach to ground-water extraction [J]. Journal of Hydrology, 297 (1 - 4): 22-33.

Mylopoulos Y A, Kolokytha E G, 2008. Integrated water management in shared water resources: The EU Water Framework Directive implementation in Greece [J]. Physics and Chemistry of the Earth, Parts A/B/C, 33 (5): 347-353.

Shapley L S, 1953. A Value for n-person Games [M]. Princeton University

Press.

Wei X Y, Xia J X, 2012. Ecological compensation for large water projects based on ecological footprint theory: a case study in China [J]. Procedia Environmental Sciences, 13: 1338-1345.

Wolf A, Dinar A, 1994. Middle East Hydropolitics and Equity Measures for Water-Sharing Agreements [J]. Journal of Social, Political, and Economic Studies, 19 (4).

Young H P, Okada N, Hashimoto T, 1982. Cost Allocation in Water Resource Development. [J]. Water Resources Research, 18 (3): 463-482.

Zeitouni N, 2004. Optimal extraction from a renewable groundwater aquifer with stochastic recharge [J]. Water Resources Research, 40 (6): W6S-W191S.